진로교육, 대체 어디서부터 시작해야 할지 모르겠다고요?
우리에겐 영균쌤표 활동지가 있어요!

따라만 하면 되는 부록 활동지가 무려 47장?!

활동지 표시가 있는 장은 부록을 활용하여 다양한 활동을 해 볼 수 있어요!

별이 ★★★★★ 활용도 100%!

이제 집에서 바로
우리 아이의 포트폴리오를 만들어 보세요!

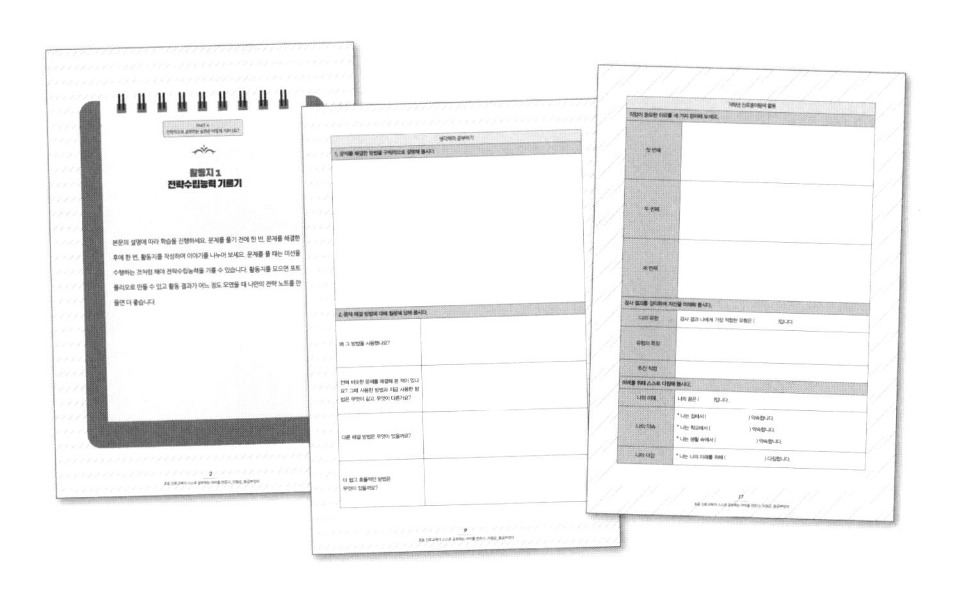

지금 바로 다운로드하세요!

1. 책을 구입하고 황금부엉이 그룹사의 홈페이지(www.cyber.co.kr)에 접속하여 회원가입을 합니다.

2. 로그인을 한 후 화면 왼쪽에 있는 '부록CD'를 클릭합니다.

3. '부록CD' 화면이 나타나면 목록에서 '초등 진로교육이 스스로 공부하는 아이를 만든다'를 클릭합니다.

4. 페이지가 열리면 '자료 다운로드 바로가기'를 클릭합니다.

아이의 성격, 성적, 미래를 튼튼히 다져라!

초등 진로교육이 스스로 공부하는 아이를 만든다

이영균 지음

BM 황금부엉이

프롤로그

미래형 교육과정,
진로교육의 중요성은 점점 더 커져갑니다.

안녕하세요. 이 책의 저자이자 유튜브 채널 '안전한 영양균 선생님'을 운영하고 있는 교사 이영균입니다. 저는 '진로'란 특정 시기나 한순간에 결정되는 것이 아닌, 평생 동안 이루어지는 선택의 과정이라고 생각합니다. 저 역시 과거에는 교사를 꿈꿨고, 현재는 또 다른 진로를 준비 중인 진로설계 진행형의 사람입니다. 자기만족과 자아실현을 위해, 더 나은 미래를 위해 끊임없이 진로를 설계하고 발전시켜 나가고 있습니다.

여러분에게 진로란 무엇인가요? 저는 원래 '나의 진로'라고 하면, 단지 '좋은 선생님이 되는 것' 정도를 생각했습니다. 이를 위해 학창시절 내내 공부에 몰두했고, 꿈을 이룰 수 있었습니다. 그런데 임용에 합격하고 이제 더 이상 바랄 것이 없다고 생각한 것도 잠시, 군대라는 피할 수 없는 숙제를 받게 되었습니다. 그래서 최대한 나에게 도움이 될 수 있는 방향으로 접근해 보자고 생각하고 묘안을 찾기 시작했습니다. 그 결과, 의무소방대원 시험에 합격하여 소방서에서 하는 군 생활을 하는 좋은 기회를 얻게 되었습니다. 이후 2년이라는 시간

동안 각종 화재, 구조, 구급 출동을 다니다 보니 안전의 중요성을 알게 되었고, 학교로 돌아온 이후에는 안전교육 전문가를 꿈꾸게 되었지요.

이제 정말 나의 진로설계는 끝났다고 생각했는데, 또 기회가 찾아왔습니다. 6학년 아이들을 가르칠 때 동영상을 만들어서 자신을 홍보해 보는 교과 활동이 있었는데, 오히려 아이들이 제게 '교사 유튜버'를 해 보라고 추천한 것입니다. 처음에는 아이들의 학습의욕을 이끌어내기 위해 '밀당'처럼 이야기했다가 마지못해 유튜브를 시작하게 되었고 이를 계기로 유튜브의 교육적 효과를 체감하게 되면서 '교육 유튜버'는 또 하나의 진로가 되었습니다.

이렇듯 진로는 정말 다양하고 끊임없이 변합니다. 직접 경험하면서도 매번 놀라는 사실입니다. 교사가 되었다고 그것이 끝이 아니라 어떠한 교사가 될지, 무엇을 중점적으로 연구하는 교사가 될지, 어떠한 활동을 하는 교사가 될지, 그 안에서 다양한 진로가 있었습니다.

OECD에서는 교육 2030 프로젝트를 발표했고, 이에 맞추어 선진국들은 교육과정을 개혁해나가기 시작했습니다. 우리나라도 마찬가지로 2022 개정 미래형 교육과정을 발표했지요. 이러한 시점에서 우리가 주목해야 할 것은 자기주도성을 기초로 한 행복한 삶을 위한 진로설계입니다. 아이들이 자기를 이해하고 다양한 정보를 탐색하며 합리적 의사결정을 실천할 수 있도록 해주어야 하지요. 부모님들은 이러한 말들이 공감도 가지만, 너무나 어렵고 당혹스럽게 느껴지실 겁니다.

아이가 초등학교에 입학하고 나니 왠지 모르게 불안한 분, 다양한 교육은 해 주고 싶은데 무엇부터 시작해야 할지 막막한 분, 학교교육과 가정교육이 발맞추어 나가면 좋겠다고 생각하는 분, 이 모든 분들을 위해 이야기를 시작하려 합니다. 이 책을 통해 초등학생 자녀에게 중요한 것은 무엇인지, 학교교육과 연계한 가정학습은 어떻게 진행할지, 진로교육으로 어떻게 우리 아이의 행복한 미래를 설계할 수 있을지 알아보기 바랍니다.

과거에는 아이가 태어나면 '건강하게만 자라라!'라고 했지만, 이제는 조금 더 욕심을 내어 '행복하게만 살아다오!'라고 외치는 시대가 왔습니다. 아이들의 행복한 삶과 인생을 위해서는 튼튼한 진로설계가 필요합니다. 부모의 노력으로 아이들의 미래와 삶을 변화시킬 수 있습니다. 이제 제가 그 노력의 과정을 함께 하겠습니다. 우리 아이를 위한 진로교육 전문가가 되기 위해, 한 발자국 내딛어 볼까요?

PART 1
부모가 직접 하는 진로교육이 중요한 이유는 무엇일까?

PART 2
학교에서는 진로교육을 어떻게 할까?

PART 3
어떻게 학교를 다니게 해야 할까?

PART 4
어떻게 공부시켜야 할까?

PART 5

어떻게 놀게 해야 할까?

PART 6
진로를 위한 독서교육은 어떻게 할까?

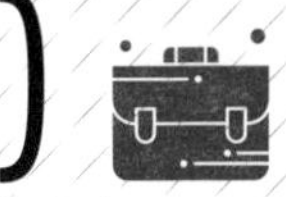

PART 1

부모가 직접 하는

진로교육이 중요한

이유는 무엇일까?

우리 아이의 꿈은 무엇인가요?

현직 교사인 제가 만난 대다수의 부모님들은 자녀교육에 열정을 쏟았고, 더불어 아이가 어떠한 꿈을 가지고 있는지, 어떻게 키우면 좋을지에 대해 고민하고 있었습니다. 그리고 학교 상담주간이 되면 다음과 같이 묻습니다.

"저희 아이가 원하는 건 알겠는데, 어떻게 도와주면 좋을까요?"

여건이 좋든 안 좋든, 부모님들은 최선을 다해 아이들을 지원할 계획이었습니다. 하지만 어떻게 아이를 교육해야 할지 방법을 모르거나 교육 자체에 어려움을 겪고 있었습니다. 이러한 이야기를 듣고 나면 부모님에게 다시 물어봅니다.

"부모님이 이렇게 신경을 써 주시니 우리 ㅇㅇ이가 참 기쁘겠어요. 혹시 진로에 대한 ㅇㅇ이의 생각은 어떻던가요? ㅇㅇ이는 부모님께 어떠한 것들을 부탁하나요?"

여러분은 이 질문에 어떻게 답할 건가요? 아이가 했던 말들을 기억하나요? 자녀가 했던 말들을 떠올리고 교사에게 제대로 답변할 수 있다면 진로교육을 아주 잘하고 있는 것입니다. 그런데 자녀의 생각이 아닌 여러분 자신의 생각만 머릿속을 맴돈다면 진로교육, 아니 지금껏 해온 자녀교육에 대해 전체적으로 한번 되돌아보길 권합니다. 많은 부모님은 '우리 아이가 원하는 건 알겠는데'라며 자신의 생각을 말하지만, 이 말 자체가 오류가 아닐까 합니다. 교육방법을 고민하기 전에 우선 아이와 진지한 대화를 나눠보고 무엇을 원하는지, 무엇을 하고 싶어 하는지 알아봐야 한다는 것입니다.

저의 질문에 대한 아이의 답변이 떠올랐나요? 그렇다면 이제 진정한 진로교육 방법이 무엇인지에 대해 생각해야 합니다. '아이가 원하는 것은 알겠는데 부모인 내가 어떻게 도와줄 수 있을까?'라는 그 막연한 고민을 하나씩 해결해 봅시다.

이 책에서는 학교교육과 가정학습, 그리고 진로교육을 연결시켜 교육하는 방법을 알려드리려 합니다. 초등학생 부모님이 왜 진로교육을 실천해야 하는지, 학교에서의 진로교육은 어떻게 진행되고 있는지를 살펴보고, 여러분이 내 아이를 위한 최고의 진로교육 전문가가 될 수 있도록 돕겠습니다. 또한 어떻게 학교를 다니게 할지, 어떻게 공부시킬지, 어떻게 놀게 할지 등에 구체적으로 설명하겠습니다.

왜 부모가 진로교육을 해야 하나요?

아이의 진로와 미래에 대해 지금 당장 고민하고 있는 부분은 무엇인가요? 아이의 진로를 어떻게 설계해 주면 좋을지, 무엇을 어떻게 도와주면 좋을지 막막하다고요? 당연합니다. 우리 부모님들도 인생에서 '부모'는 처음이잖아요. '자녀교육'도 처음이고, '자녀의 진로교육'도 처음 고민하게 됩니다. 무엇이든 처음은 낯설고, 한 번 지나면 돌아오지 않는다는 특성 때문에 자녀의 진로교육과 진로설계를 어떻게 도와주면 좋을지 막연할 수밖에 없습니다. 자, 이제 여러분의 궁금증을 해결하기 전에 이 책의 핵심이자 모든 이야기의 근원인 질문을 해 보겠습니다.

부모의 진로교육은 왜 필요한 것일까요? 아직 초등학생인 아이들에게 미래를 고민해 보라고 하는 것이 너무 이르지는 않을지 걱정하는 분도 있을 것이고, 부모로서 당연히 교육 차원에서 아이의 미래를 고민해 봐야 한다고 생각할 수도 있습니다. 미래는 먼저 준비해야 하기 때문에, 하루라도 빨리 준비를 시작해야 뒤처지지 않기 때문에, 진로교육을 해야 아이들에게 다양한 경험을 제공할 수 있기 때문에 등등 여러분의 의견은 대부분 정답일 것이라 생각합니다. 하지만 조금 더 본질적으로, 조금 더 교육적으로 생각해 볼 필요가 있습니다.

학교에서 아이들에게 '자신이 생각하는 미래는 무엇인가요?', '내가 생각하는 진로는 무엇인가요?'라고 물으면 쉽게 대답하지 못합니다. 아이들의 수준에 맞지 않는 질문이기도 하지만, 아이들 스스로 생각해 본 적이 없는 질문이라 난처해하는 듯합니다. 이럴 때 질문의 난이도를 낮추기 위해 사용할 수 있는 만능 키워드가 있습니다. 미래, 진로, 장래 등 모든 개념을 포괄하는 한 단어, 바로 '꿈'입니다. 아이들은 이 '꿈'이라는 단어는 자주 접해서 익숙하게 반응합니다. 초등학생들에게 '자신의 꿈은 무엇인가요?'라고 물으면 선생님, 과학자, 대통령, 가수, 유튜버 등등 수많은 대답이 돌아옵니다. 꿈을 묻는 질문에 우수수 쏟아져 나오는 이러한 대답들, 보통 아이들이 단순히 원하는 것들을 이야기한다고 생각하기 쉽지만 이를 통해서 아이들의 진로발달 수준을 알아볼 수 있다는 사실, 여러분은 알고 있었나요?

수퍼(Super)라는 학자는 인간의 진로발달단계에 대해 연구한 사람입니다. 그는 사람은 자신이 생각하는 스스로의 이미지에 부합하는 직업을 선택한다고 보고, 태어나서 직업을 가지고 살아가기까지를 5단계로 나누었습니다. 초등학생은 그중 1단계의 성장기에 해당

하는데, 성장기는 나이에 따라 3단계로 세분화할 수 있습니다. 다음의 표에서 내 아이는 어느 단계에 해당하는지 확인해 보세요.

진로발달단계		
환상기	4~10세	자신의 생각이나 욕구만을 생각하며 진로를 희망하는 시기
흥미기	11~12세	흥미나 취미, 취향을 중심으로 진로를 희망하는 시기
능력기	13~14세	할 수 있는지 없는지, 본인의 능력 여부를 비교해 보며 진로를 희망하는 시기

저학년은 단순히 자기가 하고 싶은 것들과 욕심, 욕구만을 중심에 두고 '나는 ~가 될래요!' 하는 시기이지요. 그리고 점차 자라면서 자신이 무엇을 좋아하고 싫어하는지를 구분하며 초등학교 중학년 이후에는 자신의 흥미나 취미를 중심으로 진로를 희망하게 됩니다. 축구를 좋아하게 되면 축구선수를 좋아하게 되고, 장래희망에 축구선수라고 적게 되는 것입니다. 초등학교 고학년 이후에는 단순히 자신의 취미나 흥미만을 고려하지 않고, 자신의 능력을 더해 판단하게 됩니다.

예를 들어 앞서 이야기한 축구선수를 꿈꾸던 아이가 고학년이 되며 또래에 비해 운동능력이 좋지 못하다는 사실을 느끼면 더 이상 축구선수를 꿈꾸지 않게 됩니다. 내가 하고 싶은 것, 내가 즐기는 취미로만 직업을 꿈꾸는 것에서 벗어나 내가 할 수 있는 일만 희망 직업에 포함시키는 것이지요. 조금 컸다고 아이들도 현실을 일찍 깨달아버린 것일까요?

조금 딱딱한 이야기를 이렇게 길게 풀어낸 데는 이유가 있습니다. 부모의 진로교육이 아이들의 미래를 설계하는 데 왜 필요한지에 대한 답이 여기 있기 때문입니다. 이 시기의 아이들은 중요하다고 생각되는 인물을 자신과 동일시합니다. 몇몇 아이들은 유명한 운동선수나 연예인을 그 대상으로 고르기도 하는데, 대부분의 아이들은 가장 깊은 애착관계를 형성한 '부모님'을 동경의 대상으로 삼게 됩니다. 그래서 딱히 어떤 기준이 있다기보다는 엄마나 아빠를 닮기 위한 꿈이 마치 자신의 진정한 꿈인 것처럼 여기는 시기가 있기 마련입니다. 욕구나 흥미, 능력이 무엇이든 간에 부모님에게 가장 큰 영향을 받게 되는 것이지요.

당연한 이야기지만 이렇듯 초등학생들에게 '부모'란 너무나도 중요한 존재입니다. 단순히 보호자의 역할을 넘어 자녀의 사고방식과 인생방식의 모티브가 되는 가이드라인이기도 하지요. 이제 막 가치관과 자아개념을 형성하려는 초등학생 자녀들에게 부모란 큰 영향을 줄 수 있는 유일한 사람이기도 합니다.

초등 수준의 진로교육 성패 기준은 아이가 얼마나 공부를 잘하고 다양한 직업을 알고 있는지가 아닙니다. 아이가 스스로 얼마나 자신을 잘 이해하고, 올바른 가치관과 긍정적인 자아개념을 형성했는지가 관건입니다. 그리고 관건이 되는 가치관과 자아개념에는 부모님이 반드시 얽혀 들어가 아이들의 근본이 되기 때문에 부모님의 진로교육이 더욱 중요한 것입니다.

초등학교에서 진행하는 진로교육 시간만으로는 아이들에게 큰 감흥을 주기 어렵습니다. 아이들은 발달 특성에 따라 누군가를 동경하게 되는데, 그 1순위는 대부분 부모입니다. 부모를 따라 하려는 아이들에게 여러분은 중요한 교육 소재인 것입니다. 아이들의 건실한 미래를 그리기 위해서는 초등학생 시기부터 진로교육이 필요하며, 진로교육에 요구되는 것은 부모입니다. 진로교육에서 부모의 존재는 수학의 필요충분조건과 같다고 할 수 있습니다.

가장 좋은 교육자료를 준비하세요

상담주간을 몇 차례 겪어 보니 몇몇 부모님이 착각하고 있는 부분을 알게 되었습니다. 아이들의 진로교육에 대해 묻던 부모님들은 "학교는 교육기관이니까 국어나 수학을 비롯한 교과 수업, 예체능교육, 인성교육, 그리고 진로교육까지 전부 다 잘 가르쳐 줄 거라고 믿어요. 그리고 학교에서의 교육이 학생들한테도 가장 효과가 좋을 것 같아요"라고 합니다. 교육과 관련해서 가장 좋은 곳은 학교이고, 가장 좋은 자료 또한 학교 수업 또는 교사의 설명이라고 생각한 것입니다.

어떤 분은 감사하게도 '선생님이 믿음직스러우니까'라고 답했습니다. '학교는 교육을 위한 전문기관이고, 선생님들이 계시니까 무조건 아이들 교육을 맡길 수 있다'고 답한 분도 있었습니다. 물론 다 틀린 말은 아닙니다. 하지만 무엇보다 중요한 것은 학교교육에 '가정교육'

이 함께 동반되어야만 더욱 탄탄한 아이들의 미래를 그려볼 수 있다는 점입니다.

'초등학생 진로교육에 있어서 부모의 역할이 왜 중요한가?'에 대한 답을 찾기 위해 자료를 하나 보겠습니다. 다음의 표는 교육부에서 발표한 초·중등 진로교육 현황조사를 정리한 것으로, 학생들이 본인이 희망하는 직업을 알게 된 경로는 어디인지에 대해 응답한 것입니다. 전국에 있는 초등학생 중 희망 직업이 있다고 생각하는 학생 5,101명이 설문에 참여했습니다.

희망 직업을 알게 된 경로											
부모님	학교 선생님	학원 선생님	형제 자매	친척	친구	이웃, 지인	대중 매체, TV	웹사이트, SNS	서적 (책)	진로 체험	기타
38.5%	9.6%	5.3%	6.5%	5.7%	16.0%	5.7%	40.5%	35.1%	15.2%	10.2%	8.7%

출처: 한국직업능력개발원 진로교육 현황조사 기초통계표(2020)

이 표는 초등학생들이 자신의 진로 정보를 어디에서 알게 되었는지에 대해 설문한 결과입니다. 설문 방법은 여러 가지 항목 중 2개까지 고를 수 있게 하였습니다. 그 결과 진로 정보 취득에 큰 원천으로 부모님, 대중매체, SNS 정도가 압도적인 수치를 보이고 있네요. 초등학생 시기의 아이들은 기본적으로 부모님과 가장 시간을 많이 보내고, 자신의 부모를 롤모델로 삼기 마련입니다. 그리고 대중매체나 SNS과 같은 미디어에 대한 생활도 부모님의 지도, 생활습관과도 직접적으로 연관되어 있지요. 놀라운 것은 학생들이 평일 하루 중 3분의 1 이상을 학교에서 보내는데도 담임 선생님으로부터 받는 영향은

9.6%라고 답했다는 사실입니다. 심지어 학교는 본격적으로 진로교육 수업을 진행하고 프로그램도 운영하는데 말입니다. 학교가 그렇게 많은 예산과 수업 시수를 할애했는데도 조사결과가 이렇다는 것은 학교교육이 온전치 못해서일까요, 아니면 학생들이 프로그램에 잘 참여하지 않아서일까요? 이는 초등학생의 진로발달 특성과 연관 지어 생각해 봐야 합니다. 수퍼가 진로발달이론에서 이야기했던 것처럼 아이들은 환상을 가지고 부모의 바람이 곧 자신의 바람인 것처럼 받아들이기 때문에 진로발달과정에서 부모의 비중이 클 수밖에 없다는 것입니다.

중학생과 고등학생 시기의 진로교육은 또 다른 접근방식이 필요합니다. 하지만 초등학생을 기준으로 생각해 볼 때, 아이들의 진로발달에 가장 큰 영향을 끼치는 것은 부모입니다. 부모 외의 다른 교육자원이나 교육수단들은 보조적인 역할을 할 뿐입니다.

부모를 동경하고, 스스로를 부모의 모습에 투영하며, 미래의 기틀을 다지는 시기에 있는 초등학생들, 이 아이들은 진로설계에서 가장 중요한 시기에 있습니다. 자신이 느끼는 것들을 스펀지처럼 빨아들일 준비가 되어 있는 아이들에게 가장 좋은 교육자원은 부모입니다. 이렇듯 초등학생 부모님이 진로교육을 서둘러야 할 이유는 분명합니다.

아이들은 얼마나 알고 있을까요?

아이들은 가끔 말을 툭툭 내뱉을 때가 있습니다. 교사인 저도 이러한 말에 신경이 쓰이거나 마음에 상처를 받기도 합니다. 최근 아이들에게 들었던 말 중에 기억에 남는 말 하나가 '선생님은 저희가 집에 가면 편하죠?'였습니다. 솔직한 마음 같아서는 '그래! 수업 끝나면 생활지도는 안 해도 되니까 좋다! 그래도 업무가 산더미처럼 남아 있는걸!' 하고 크게 외치고 싶었지만 당연히 그러지는 않았습니다. 아이들이 보는 선생님은 '교과서를 가지고 수업하는 직업' 또는 '학교에서 아이들을 관리해 주는 직업' 정도일까요? 수업시간에 쓰는 학습자료, 과목 재구성을 통한 학급 교육과정, 체험학습 같은 학교행사, 그런 것들은 어디 하늘에서 뚝 떨어지는 줄 아나 봅니다. 하지만 우리는 성인이고 일일이 구차하게 설명할 수는 없으니 '보이는 것이 전부는 아니란다!' 또는 '빙산의 일각이란 말이 있단다~' 하고 말지요.

사실 어린 초등학생들은 어쩔 수 없습니다. 교육학이나 심리발달 이론만 살펴봐도 초등학교 시기에 이제 막 고등사고능력이 발달하기 시작하니까요. 자료를 통해 연역적으로 사고하고, 추론하며, 비판적으로 바라보는 힘이 부족한 아이들은 그저 자신이 보고 들은 경험이 세상의 전부일 뿐입니다. 그래서일까요? 자아개념을 형성하거나 진로를 계획해 보는 단계에서도 아이들은 매우 단편적으로 생각하는 경향이 있습니다. 자신이 알고 있는 부분이나 보이는 부분 또는 보고 싶은 부분만 보려고 합니다. 따라서 아이들의 시각을 넓혀주기 위해, 다양한 진로의 정보와 체험의 기회를 마련해 주기 위해 다양한 노력이 필요한 것 같습니다.

그렇다면 우리 학생들은 자신의 진로에 대해서 얼마나 알고 있을까요? 한국직업능력개발원에서 조사한 자료를 보면 우리나라 고등학생 평균치를 알 수 있습니다.

진로 정보에 대해 얼마나 알고 있는가?					
응답자 수	전혀 모름	잘 모름	보통	잘 알고 있음	매우 잘 알고 있음
8,532명	1.5%	10.0%	42.9%	33.1%	12.5%

출처: 한국직업능력개발원 진로교육 현황조사 기초통계표(2020) 고등학생 대상

자신의 진로에 대해서 매우 잘 알고 있다고 대답한 고등학생은 12.5%에 그쳤습니다. 문항에 자신 있게 대답한 학생들은 이미 자신의 적성과 직업을 탐색했고, 진로에 대한 청사진이 그려진 경우일 것입니다. 그런데 보통이라고 답한 친구가 42.9%나 됩니다. '보통이면 괜찮은 거 아니야?'라고 생각할 수 있지만, 설문형식의 조사에서

는 인간의 심리상 중간을 선택하는 경우가 많다고 합니다. 잘 모른다고 생각하는 경우에도 보통이라고 응답할 확률이 높고, 잘 알고 있다고 생각하는 경우에도 보통이라고 응답했을 확률이 높은 것이지요. 초등학생일 때부터 자신을 이해하기 위해 노력하고, 미리 진로설계를 시작했다면 설문 결과는 달라졌을 겁니다. 고등학생이 되었을 즈음에는 진로를 확정짓고 안정기에 접어들어 스스로에 대한 확신으로 매우 잘 알고 있음의 %가 높아졌겠지요.

진로 정보는 부족하더라도 아이들은 누구나 하나쯤은 꿈꾸는 직업이 있습니다. 그리고 자신이 꿈꾸는 모습을 실현시키고 싶어 다양한 행동을 합니다. 요즘 아이들은 인터넷을 찾아보거나 유튜브에서 영상을 검색해 보는 등 자발적으로 온라인 탐색을 하지요. 그리고 얻은 정보들을 바탕으로 학교나 집에서 그 일들을 따라해 보기도 합니다. 하지만 학생 스스로 하는 활동들은 모두 '흉내' 정도의 수준에 그치기 십상입니다. 어른들의 도움이나 전문기관의 교육프로그램이 필요하다는 것입니다. 이러한 진로 체험에 참여해 본 학생들은 얼마나 될까요?

희망 직업을 체험해 본 적이 있는가?					
중학생			고등학생		
응답자 수	예	아니요	응답자 수	예	아니요
5,701명	31.5%	68.5%	6,635명	32.2%	67.8%

출처: 한국직업능력개발원 진로교육 현황조사 기초통계표(2020)

학생들의 응답을 살펴보니 중학생은 31.5% 정도의 학생만이, 고등학생은 32.2% 정도의 학생만이 진로 체험을 해 본 적이 있다고 합니다. 전체의 약 3분의 1 정도의 학생만이 관련 경험이 있다는 사실, 정말 안타까운 현실입니다. 요즘은 여러 직업들에 대해 다양한 체험을 해 볼 수 있도록 학교, 지역사회에 많은 프로그램들이 마련되어 있습니다. 심지어 직업을 주제로 한 테마파크까지 생겨나는 추세입니다. 그런데 그런 것에 비해 '예'라고 응답한 학생의 비율은 너무 낮은 것 같습니다. 학생들도 물론 자신이 꿈꾸는 직업을 체험해 보고 싶을 겁니다. 그런데도 이렇게 '아니요'가 많은 이유는 공부에 집중하느라 진로 체험은 미뤄두었거나 체험의 기회를 얻기 쉽지 않았거나 또는 희망하는 직업이 바뀔 때마다 체험하기에는 어려움이 있어서 등으로 생각됩니다.

저는 어떠한 어려움이 있더라도 학생인 시기에는 여러 분야에 대해 알아보고 체험해 봐야 한다고 생각합니다. 우리는 비싼 물건을 구매하려고 할 때 최대한 매장을 방문하여 살펴보거나 직접 사용해 보는 수고를 아끼지 않습니다. 한 사람의 미래를 결정짓는 일은 물건을 사는 것과는 비교할 수 없을 만큼 중요합니다. 그만큼 학생들에게는 다양한 진로 관련 정보와 진로를 탐색하는 기회가 꼭 있어야 하지 않을까요?

우리나라는 생각보다 학교교육이 열려 있고 지역사회의 교육 인프라 시설도 잘되어 있습니다. 근처에 있는 주민센터부터 청소년 문화센터, 장애인 복지회관 등 여러 기관에는 다양한 체험 · 교육의 기회가 마련되어 있지요. 좋은 집을 찾기 위해 발품을 많이 팔 듯이 인터넷상 또는 유선상으로 우리가 흔히 말하는 '손품'을 팔아보면 기회는 많습니다. 이런 프로그램에 참여하기 힘든 환경이라면 인터넷 진로검사, 화상 진로체험, 화상 직업인 인터뷰도 있고, 가정에서 진행해 볼 수 있는 간이 직업체험 프로그램도 있습니다.

직업의 단편적인 면만 보는 아이들에게 더욱 다양한 경험을 선사해 주세요. 아이들이 직업의 좋은 면뿐만 아니라 안 좋은 면도 들여다볼 수 있게 해 주세요. 아이 혼자서는 기회를 마련하기 힘듭니다. 여러분이 자녀의 진로교육을 위해서 조금 더 움직여야 합니다. 부모가 노력한 만큼 아이의 경험은 풍부해지고 시야는 넓어집니다.

영균쌤의 코칭 포인트

학교 홈페이지 활용하기

아이들에게 체험의 기회는 주고 싶은데, 정보 찾기가 쉽지 않다고요? 혹시 자녀가 다니고 있는 학교 홈페이지 공지사항 탭은 확인했나요? 아직 들어가 보지 않았다면 꼭 한번쯤은 학교 홈페이지에 들어가서 찬찬히 살펴보길 권합니다.

각 지역의 유관기관에서는 각종 행사나 교육 프로그램, 공모전 등을 계획할 때 지역에 속한 학교에 공문을 배부하게 됩니다. 그리고 학교별로 업무 담당 선생님이 담임 선생님에게 중요한 내용을 직접 안내합니다. 다만, 전교생을 대상으로 한 내용이 아니라면 학교 홈페이지에 게시하는 것이 보통이지요.

주기적으로 학교 홈페이지 공지사항 또는 게시판 부분을 들어가서 우리 자녀에게 필요한, 우리 자녀가 관심을 가질 만한 사항이 있는지 확인해 보세요. 이 외에도 학교가 속한 ○○교육지원청 홈페이지 또는 ○○○도교육청 홈페이지, 학부모 나이스 서비스 센터 등에 들어가 살펴보면 좋은 정보들이 많습니다.

우리 아이의 호기심과 흥미를 자극해 줄 수 있는 좋은 프로그램을 찾으러 지금 한번 들어가 볼까요?

초등학생에게 필요한 진로교육은 무엇인가요?

진로교육은 1970년대 이후에 쓰이기 시작했고, 이전에는 주로 취업을 위해 기능을 가르친다는 개념의 '직업교육'이라는 용어가 활용되었습니다. 어떠한 직업을 가지기 위해 훈련하는 일련의 과정을 직업교육이라고 본 것입니다. 반면 현대 사회에서 진로교육은 삶 전체를 아우르는 생애교육이자 자신에게 필요한 기초 기능과 소양, 직업 태도 및 가치관을 형성하는 교양교육, 그리고 자아실현을 위한 수단으로까지도 생각됩니다. 요약하면 단순히 직업을 얻기 위해 받는 교육이 아니라 자신의 행복을 찾고 사회 구성원으로서 역할을 다하는 삶을 살아가기 위한 활동을 포함하여 가치 중심의 인간 발달 교육을 뜻한다고 볼 수 있지요. 이러한 측면에서 보면 과거의 직업교육과 현재의 진로교육은 엄청난 차이가 있습니다.

많은 부모들은 진로교육을 아이의 꿈을 위한 교육, 아이가 장래희망을 이룰 수 있도록 도와주는 교육이라고 생각합니다. 이를 바탕으로 진로교육을 하다 보면 아이의 특기나 재능을 개발하는 교육 활동에 집중하며, 갈수록 많은 자원과 자본, 에너지를 소모하게 됩니다. 물론 이러한 진로교육 방법이 틀린 것은 아니지만, 진로교육의 본질에 다다르기에는 부족한 접근이라 할 수 있습니다. 진로교육의 본질과 진로발달의 특성을 고려하면 말이지요.

진로발달은 자아발달의 과정이기도 하며, 전 생애에 걸쳐 이루어집니다. 신체적 · 정신적 발달 그리고 진로발달은 아이가 세상에 태어나는 동시에 시작되고, 유아에서 초 · 중 · 고 · 성인까지 일정한 시기가 되면 각 단계의 일반적인 특성을 드러내게 됩니다. 시기에 따라 다양한 모습을 보이고 필요로 하는 것 또한 바뀝니다. 아이가 자신의 미래를 충실하게 계획하고 준비하며 성장하기 위해서는 각 시기에 맞는 진로교육이 무엇인지 탐색하고 제공해야 합니다. 걸음마를 위해 개월 수에 맞게 안전매트, 보행기, 쿠션신발을 사주는 것처럼 말이지요. 막 태어난 아이에게 쿠션신발을 신길 수 없고, 이미 뛰어다니기 시작한 아이에게 보행기가 필요 없듯이, 진로교육에서도 시기에 맞는 적절한 교육이 필요합니다.

그렇다면 초등학생 아이들에게 필요한 진로교육이란 무엇일까요? 차근차근 살펴보겠습니다.

1. 가치 덕목을 중심에 두고 자신을 긍정적으로 이해하는 교육이 필요합니다. 내가 무엇을 좋아하고 싫어하는지, 내가 무엇을 잘하고 못하는지에 대해 알아가는 과정, 자신에 대한 기초를 다지는 교육이

필요한 것이지요. 더 나아가 자신의 특징과 개성을 파악할 때, 가치덕목을 중심으로 생각하는 습관을 길러야 합니다. 장래희망을 물었을 때, 단순히 '나는 촬영감독이 될 거야!'가 아닌 '공익 광고를 촬영해서 힘든 사람들에게 공헌할 수 있는 이영균이 될 거야!' 처럼 말이지요. 직업이 꿈이 아닌 가치가 중심이 되도록, 그리고 그 가치를 실현하는 나 자체가 꿈이 될 수 있도록 지도해주세요.

이러한 자기이해와 가치 중심의 진로설계 없이 일회성 직업체험만 반복한다면 그것은 놀이활동에 그치기 쉽습니다. 마치 검증되지 않은 땅에 건물을 지으려다 지반이 부실하여 수포로 돌아가는 것과 같은 맥락이지요. 초등학생의 진로교육을 위해서도 더 나아가 인성교육을 위해서도 가장 우선시 해야 할 것은 가치를 중심으로 긍정적 자아개념을 만드는 것입니다.

2. 일에 대한 긍정적인 가치관을 형성하는 교육을 해야 합니다. 이는 내가 하는 일이 얼마나 의미 있는 것인지, 또 가치가 있는 것인지 긍정적으로 생각해 보는 습관을 기르는 것을 뜻합니다. 하기 싫은 일이라도 그 안에서 자신이 성장할 수 있는 요소들을 찾아내어 거름으로 쓸 수 있다는 생각의 메커니즘, 가치관을 만들 수 있게 도와주세요. 그리고 이러한 경험이 쌓이면 나중에 진로를 설계할 때 더욱 넓은 선택지를 가질 수 있다는 것도 가르쳐야 합니다.

아이들이 생각하는 진로는 미래일 뿐이고, 아이들에게 미래는 그저 내일일 뿐입니다. 내일의 목표를 정하고, 목표를 달성하기 위해 노력하는 자세를 만들어주는 것 또한 진로교육입니다. 더불어 진로

설계는 미래 자신의 직업과 관련될 뿐 아니라 대한민국 국민의 한 사람으로서 사회에 봉사하고 자아실현을 할 수 있는 방법이라는 사실도 함께 알려주어야 합니다.

3. 다양한 일과 직업 세계에 대해 이해하는 과정이 필요합니다. 4차 산업혁명 시대를 맞이하면서 과거에는 없었던 수많은 직업들이 생겨났지요. 반대로 21세기에 존재하는 직업의 50% 가량은 미래에 사라진다는 말도 있습니다. 이러한 환경에서 아이들이 자신에게 적합한 진로는 무엇인지 고민하기 위해서는 다양한 직업군을 이해하고 자신에게 접목시켜보는 교육이 필요합니다. 아이들에게 자신이 알고 있는 직업의 종류를 적거나 말해 보라고 했을 때 응답한 직업의 가짓수는 평균 20~30개였다고 합니다. 세상에는 2~3만 가지의 직업이 있는데, 아이들이 알고 있는 직업의 수는 매우 한정적이었다는 것이지요.

이러한 설문으로도 알 수 있듯이 '일상'은 매우 제한적이므로 아이들이 스스로 분석한 자신의 특성을 여러 직업군의 특성과 비교하며 길을 찾아갈 수 있도록 기회를 주어야 합니다. 다양한 직업세계에 대한 정보를 얻고 합리적 사고를 거쳐 스스로 의사결정을 해 보는 과정이 필요합니다. 삶의 계획을 세우며 인내심을 가지고 인생에 놓인 문제를 해결하는 경험을 해 보는 것이 또 하나의 진로교육인 셈입니다.

진로교육은 평생에 걸쳐 이루어져야 합니다. 그리고 시기에 맞게 적절하게 이루어져야 합니다. 혹시 주변에서 이러저러한 학습활동이나 체험활동을 한다고 하더라도 너무 불안해하지 않길 바랍니다. 초등학생 시기에 진정 필요한 진로교육이 무엇인지 핵심과 본질을 파악하는 것이 더욱 중요하기 때문입니다.

그리고 이를 바탕으로 내 아이에게 필요한 것이 무엇인지 생각하세요. 내 아이의 진로는 내 아이가 정하며, 내 아이가 중심이 되어야 함을 잊지 마세요. 진로교육에 빠름과 늦음은 없습니다. 아이가 행복하게 원하는 삶을 살길 바란다면, 지금 아이에게 필요한 진로교육을 적절한 타이밍에 해 주는 것이 가장 좋습니다.

영균쌤의 코칭 포인트

초등학생에게 필요한 진로교육

다음 표를 보고 지금 하고 있는 진로교육에서 부족한 부분을 점검해 보세요.

초등학생 진로교육 내용		
영역	하위 영역	교육 내용
자신의 이해	–자기이해 및 긍정적인 자아개념 형성 –다른 사람과의 긍정적인 상호작용	–스스로가 소중한 존재임을 알기 –긍정적인 대인관계의 중요성 알기
직업세계의 이해 및 탐색	–일과 직업의 이해 –긍정적인 직업 가치와 태도 형성 –진로정보의 탐색 · 해석 · 평가 · 활용	–일의 중요성을 알기 –일과 직업을 긍정적으로 대하는 태도 갖기 –주위에 다양한 직업이 있음을 알고 탐색해 보기
진로계획 및 관리	–평생학습의 중요성 인식 및 참여 –진로 의사결정 –진로계획 및 설계 –효과적인 구직 · 직업 유지 · 전환	–학습의 중요성을 알고 기본적인 학습 습관과 태도를 기르기 –진로 의사결정의 중요함을 알고 미래에 대한 꿈을 갖기 –꿈을 이루기 위해 진로를 계획하고, 이를 위해 노력하는 습관과 태도 갖기 –직업인이 되기 위하여 요구되는 자질이 무엇인지 알기

출처: 최동성(2006). 생애단계별 진로교육의 목표와 내용 : 진로지도와 노동시장 이행. 서울: 한국직업능력개발원.

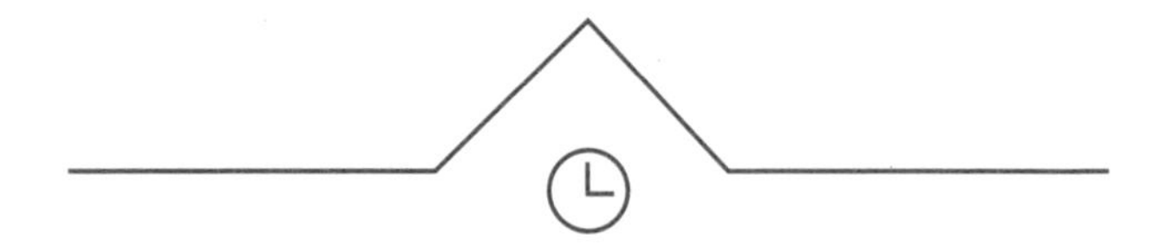

공부 = 적성 = 진로?

『나미야 잡화점의 기적』을 읽으며 나도 저렇게 다른 사람들의 고민을 들어주고 힘을 주는 일을 하고 싶다는 생각을 했습니다. 어떻게 시작해 보면 좋을지 고민하던 끝에 유튜브 채널 '안전한 영양균 선생님'을 운영하며 동시에 인스타그램을 통한 상담을 하기로 마음먹었습니다. 이렇듯 소통 창구를 마련해 두었더니 학생뿐 아니라 부모님, 성인 분들이 많이 연락하셨어요. 학교생활 고민, 학업 고민, 진로 고민 등 다양한 고민을 들려주셨지요.

얼마 전 한 초등학교 5학년 학생에게 메시지를 받았습니다. 유튜브로 재미있는 영상만 찾아보고 게임하기 바쁠 것 같은 나이인데, 자신의 진로에 대해서 고민하다 연락을 한 것이었습니다.

안녕하세요! 장래희망이 초등교사인 초등학교 5학년 학생입니다:) 저는 작년에 좋은 담임 선생님을 만나게 되면서 초등교사라는 꿈을 갖게 되었는데요, 사실 공부를 엄청 잘하는 편도 아니고 성적도 어중간합니다. 그런데 어느 날부턴가 '내가 선생님이 될 수 있을까?', '나는 선생님이 못 될 거야!'라는 생각이 들기 시작한 거예요. 지금부터라도 제 적성에 맞는 꿈을 다시 찾는 게 맞는 걸까요? 제가 선생님이 된다고 해도 학생들에게 도움이 못 될 것 같은 생각이 들어요. 그런데 저는 학생들에게 도움이 되는 선생님이 되고 싶거든요ㅜㅜ 어떻게 하면 좋을까요? 초등학생이 진로를 위해 어떤 것부터 고민해 보면 좋을까요?

(*이 사연은 학생의 동의하에 일부 각색하여 수록한 것입니다.)

이 메시지를 받고 우선 아이가 참 대견하다고 생각했습니다. 어린 나이에 벌써 스스로의 진로에 대해 고민을 시작했다는 점, 그리고 자신이 상담을 요청할 수 있는 곳을 찾았다는 사실이 남달라 보였어요. 이렇게 일찍부터 스스로 자신의 진로에 대해 고민하는 학생이 있다는 것이 놀랍기도 했습니다.

아이들과 상담을 진행하다 보면 가장 많이 착각하는 것이 있습니다. 바로 학업 능력, 즉 성적이 바로 자신의 적성이고 능력이라고 생각하는 것이지요. 사연을 보낸 학생처럼 공부를 잘하지 못하면 어떠한 꿈도 가질 수 없다고 판단하는 경우가 종종 있습니다. 직업의 특성과 자신의 특성을 탐구하고 분석하거나 비교해 보지도 않은 채 성적만으로 자신의 적성을 단정 짓고 꿈을 접어 버립니다. 그리고 자신의 성적을 파악하고 그에 맞추어 직업을 희망하는 것이 진로설계 과정이라고 여기는 치명적 오류를 범하는 것이지요. 아이들이 이렇게 생각하게 되는 이유가 무엇일지 생각해 봐야 합니다. 어쩌면 우리 어른들이 '공부를 잘해야 원하는 직업을 갖는다, 공부를 잘해야 좋은 대학에 가서 좋은 직장을 갈 수 있다!'라고 이야기해서일까요?

어른이 되어 사회에 나와 보면 정말 많은 직업들이 있고 다양한 진로가 있다는 사실을 알게 됩니다. 저만 해도 소방서에서 군 생활을 할 때 여러 번 놀랐습니다. 소방관이 되는 데 의외로 다양한 루트가 있다는 사실을 알게 되었기 때문입니다. 간호학과를 졸업하고 간호 특채로, 사진이나 영상 · 신문방송학과를 나와서 관련 특채로, 공군사관학교를 나오거나 헬기조종자격으로 소방관이 될 수 있습니다.

성인과 달리, 아이들은 직업 세계에 대한 다양한 정보나 넓은 시야를 가지기 어렵습니다. 이 와중에 어른들이 하는 '공부를 잘해야 좋은 대학을 가고 취업에 성공할 수 있다'는 말은 아이들을 '적성 = 공부'의 공식에 더욱 빠져들게 만드는 것이지요. 물론 공부를 잘해 두면 추후에 진로 선택의 폭이 넓어질 수 있다는 사실을 알려줄 필요는 있지만, 그것뿐이라고 생각하게끔 만드는 것은 옳지 않습니다.

아이들에게 이야기해 주세요. 초등학생 시기에는 자신 스스로에 대해 알아가는 것이 더욱 중요하다는 사실을요. 지금 자신이 생각하는 자신, 자신이 생각하는 미래의 자신, 생활 속에서 자신이 즐기는 것, 꺼리는 것, 기대되는 것, 아쉬웠던 것, 만족하는 것, 무엇이든 좋으니 스스로에 대해 생각해 보는 것이 중요하다는 것을 말입니다. 그리고 자신이 미래에 어떠한 것을 좋아하고 싫어할지 모르니, 미래의 나를 위해 공부도 열심히 하고 생활에 최선을 다하라고 격려해 주세요. 수없이 이야기해도 중요성을 못 느끼는 친구들을 위해 보상을 해주는 방법이나 유인책을 사용해도 좋습니다. 아이들이 스스로에 대해 생각해 볼 기회를 먼저 마련해 주세요.

고민을 보내준 친구에게 저는 어떤 답을 보냈을까요? 우선 친구의 이야기를 귀 기울여 듣고 공감해 주었습니다. 폭풍칭찬과 함께 말이지요. 그러고 나서 '적성 = 공부'는 올바른 공식이 아니고, 공부와 생활에 열중해야 하는 이유를 알려주었습니다. '선생님'이 꼭 초등, 중등, 고등교사만 있는 것이 아니며, 유치원과 어린이집 선생님, 방과 후 선생님, 돌봄 선생님, 예술 강사 등 아이들을 지도할 수 있는 분야는 더욱 많다는 사실도 함께 알려주었습니다. 현재의 나를 파악하고 생활에 최선을 다하다 보면, 성인이 되었을 때 내가 좋아하는 일(미술, 컴퓨터, 무용 등)을 바탕으로 아이들을 가르칠 수 있는 선택지는 무궁무진하다고 말이지요. 이렇듯 초등학생 진로교육에서는 아이들에게 다양한 진로 체험의 기회를 제공하는 것도 중요하지만, 잘못된 생각을 바로잡아 주는 것 또한 중요합니다.

안녕하세요~ 초등학생 친구! 우선 선생님에게 고민을 털어놓아 주어서 매우 고맙습니다. 5학년밖에 되지 않았는데 벌써 자신의 미래와 진로를 고민한다는 사실이 참 대견합니다. 친구는 공부를 잘하지 못해서 걱정이라고 했지만, 공부가 조금 부족해도 다른 친구들보다 먼저 진로에 대해 고민한다는 사실로 오히려 앞서나가고 있을 수 있다는 것을 알려주고 싶어요^^

친구의 고민을 보면서 기특하면서도 안타까운 점이 있었어요. '꿈이 초등학교 선생님이지만, 내가 공부를 못하니 적성에 맞지 않다!'라고 스스로 생각하고 결론 지은 부분 말이에요. 우선 공부와 적성은 같은 것이 아니라는 말을 해 주고 싶어요. 적성은 내가 무엇을 좋아하고 무엇을 싫어하며 어떠한 성향과 가치관을 가지고 있는지를 따져보는 것입니다. 공부와는 전혀 다른 부분이라고 할 수 있지요! 그래서 성적이 부족하다고 느낀다는 것만으로 적성에 맞지 않다고 판단하기에는 조금 이른 것 같아요. 그리고 아직 어리기 때문에 공부는 얼마든지 따라잡을 수 있답니다! 앞으로 많은 시간이 있기 때문에 자신의 학업습관과 생활습관을 되돌아보고, 부족한 부분을 채우려는 노력만 한다면 초등학교 선생님이 되기 위한 성적은 충분히 올릴 수도 있답니다!^^

친구가 적성에 대해 생각해 보고 싶다면 내가 초등 교사의 일을 얼마나 좋아할 수 있을지, 얼마나 즐기며 할 수 있을지를 생각해 보세요. 그리고 직업의 좋은 점만 생각할 것이 아니라 직업에서 가장 별로라고 생각하는 점, 직업의 단점으로부터 오는 어려움이 나에게 얼마나 크게 다가올지, 내가 견뎌낼 수 있을지에 대해 생각해 보는 것이 무엇보다 중요합니다. 진로를 설계하고 직업을 선택할 때는 좋은 점을 보기보다는 안 좋은 점을 잘 견뎌낼 수 있을지가 핵심이랍니다.

적성은 무엇보다 자기 자신에 대한 이해가 우선이 되어야 해요. 초등학생 시기에 진로를 꿈꿔 보고 싶다면, 공부보다는 자기 자신에 대해서 정확하게 파악하고 이해할 수 있도록 노력해 보는 것을 추천합니다. 현재 자신의 생각, 마음, 감정, 환경을 살펴보고 하나씩 떠오르는 단어를 써 보는 것은 어떨까요? 내가 누구보다 나에 대해 잘 알게 되었을 때, 그때 적성에 맞는 진로 계획을 세울 수 있지 않을까요?

(*이하 생략. 답변 내용을 일부 각색했습니다.)

어서 오세요!

상담소 문은 언제나 활짝 열려 있습니다!

안전한 영양균 선생님 유튜브 바로가기

영양균 선생님의 인스타그램 상담소 바로가기

진로교육을 시작하기 전에

한 가지 질문을 하겠습니다. 여러분은 '진로'라고 하면 어떠한 것들이 떠오르나요? 이미 어른이 되어서, 이미 직업을 가지고 있는 입장에서 어떻게 생각하나요? 어렸을 때부터 꿈꿨던 길을 가는 분도 있을 것이고, 또는 생각했던 것과는 다른 길을 가는 분도 있으리라 생각됩니다. 현재의 내가 되기까지, 내가 걸어온 진로 과정을 생각해 보면 먼저 유년 시절이 떠오를 겁니다. 나는 그저 철없는 아이일 뿐이었는데 눈 깜짝할 사이에 어른이 돼 버렸지요. 그렇게 시간이 흘러 결혼을 하고 아이를 낳고 현재의 내가 돼 버렸다고 생각하게 됩니다. 보통 내가 지나온 진로에 대해 구체적으로 이야기해 보라고 하면 성장과정을 이야기하지, 내가 왜 현재의 내가 되었는지 설명하기란 쉽지 않지요. 하지만 분명 여러분도 일정한 진로발달단계를 거쳐 왔을 겁니다. 대다수의 사람들이 시기와 모습은 각각 다를지라도 일정한 규칙을 가지고 신체적 · 정신적으로 성인이 되는 것처럼 말이지요.

수퍼는 진로발달에도 어떠한 특성이 있으며 여기에는 여러 요인들이 관련되어 있다고 했습니다. 여러분들이 이러한 요인들을 미리 알아두고 진로교육을 실천한다면 자녀를 이해하는 데 도움이 될 것입니다. 비록 우리는 어릴 적 자신의 진로에 대해 아무것도 모른 채 어른이 돼 버렸지만, 내 아이가 더 큰 미래를 그릴 수 있도록 이제는 미리 준비해 주세요. 이러한 여러분의 노력이 전해진다면 아이들은 자신에 대해 더 확신을 가지고 계획적이며 건설적인 진로를 설계할 수 있을 겁니다.

지금부터 인간은 왜 각기 다른 진로를 가지게 되는지, 어떠한 발달과정을 거치게 되는지 차근차근 이야기해 보겠습니다. 수퍼가 연구한 이 진로(직업)발달과정은 연구 시기, 연구 대상, 연구 국가 등 여러 조건들이 다르기 때문에 우리 현실과 100% 맞다고 볼 수는 없습니다. 다만 많은 대상과 경우의 수를 통해 얻은 연구 결과이므로 자녀를 이해하고 함께 진로를 설계해 나가는 과정에 도움이 됩니다.

1. 인간은 개인별로 능력, 흥미, 성격 등에서 차이가 있습니다. 예를 들어 조용한 성격을 가진 아이도 활동적인 아이, 만들기를 좋아하는 아이, 표현활동을 좋아하는 아이 등 가진 흥미와 능력이 다양합니다. 조용하다고 해서 무조건 소심하거나 정적인 아이들만 있는 것은 아니라는 것이지요.

2. 인간은 특성의 차이가 있기 때문에 각각의 적합한 직업들이 있습

니다. 당연한 이야기지만 모두 능력, 흥미, 성격이 다르기 때문에 개인별로 적합한 직업들은 따로 있다는 것이지요. 그래서 그러한 나만의 길을 찾아가는 것이 진로교육입니다. 다만 특성과 직업의 연결 관계가 수학 공식처럼 딱 떨어지진 않습니다.

3. 직업에는 각기 요구되는 일정 범위의 특성(능력, 흥미)이 있습니다. 직업마다 요구하는 특성은 다르기 마련입니다. 따라서 흥미검사, 다중지능검사 등을 통해 자신의 특성을 파악하고, 각 직업이 가지는 특성과 얼마나 공통점이 있는지 비교하며, 적합도를 판별할 수 있는 것이지요.

4. 인간의 자아개념과 능력, 직업에 대한 선호도 등은 계속 변화합니다. 인간을 적응의 동물이라고 부르듯이 시간의 흐름과 환경의 변화에 따라 개인의 자아개념과 능력도 계속 바뀌고, 다양한 경험을 쌓으며 직업에 대한 선호도 역시 변하기 마련입니다. 진로를 선택하고 적응해 나가는 과정은 한순간에 이루어지는 것이 아니라 계속적인 과정입니다.

5. 진로(직업)가 발달하는 과정을 단계별로 나눌 수 있는데, 이는 한 사람의 생애와 관련이 있습니다. 앞에서 초등학생 부모님이 진로교육을 시작해야 하는 이유를 설명할 때 초등학생 아이들의 진로발달단계를 설명했지요. 수퍼는 진로발달이 평생 일어난다고 보고, 성장기, 탐색기, 확립기, 유지기, 쇠퇴기의 과정으로 나누었습니다.

6. 개인의 진로 유형은 각자의 정신적인 능력과 특성, 주어진 기회, 부모의 사회 · 경제적인 영향에 의해 결정됩니다. 부모와 자녀는 분명 다른 인간이지만, 미숙한 아이들은 부모의 영향을 많이 받을 수밖에 없습니다. 초등학생 시기를 지나며 자신의 가치관과 신념, 인성을 어느 정도 형성하게 되는데 이때 부모가 얼마나 올바른 길로 안내하느냐가 아이의 진로발달에도 큰 영향을 주는 것이지요. 얼마나 다양한 체험의 기회를 제공하는지, 그리고 아이의 의욕을 얼마나 끌어내는지가 자녀의 진로를 결정짓게 됩니다. 초등학생 시기에 진로교육이 왜 필요한지, 초등학생 부모님의 진로교육이 왜 필요한지, 제가 이 책을 쓰게 된 이유에 대한 답변을 담고 있는 부분이지요.

7. 자녀의 능력과 흥미 계발을 도와주거나 자아개념 발달을 촉진시키는 과정이 진로교육이자 진로발달입니다. 신체적 · 정신적 성장에 발달이 있는 것처럼 진로에도 발달단계가 있습니다. 이 발달과정에서 자녀가 가진 능력이나 흥미에 대해 다양한 자극을 주면 진로발달에 긍정적 영향을 줍니다. 또한 자녀 스스로 자신이 누구인지, 무엇을 어떻게 느끼는지 등 자아개념을 파악할 때 겪는 어려움을 해소해 주는 것, 이러한 것들이 성장의 과정이자 진로교육입니다.

8. 진로(직업)발달과정은 자아개념을 발견하고 발달시키며 직접 행동에 옮기는 것입니다. 7번과 같은 맥락으로, 아이들이 태생적으로 타고난 것들과 자신과 관련된 능력, 흥미, 가치관 등 자아개념에 대해 파악하는 것이 진로발달과정입니다. 또한 다양한 경험과 기회에

참여하며 자신이 만들어내는 결과물, 스스로 느끼는 만족감, 그리고 친구, 가족들로부터 얻는 인정이 진로발달과정의 필수적인 요소입니다.

9. 자신의 직업과 인생에 대한 만족감은 얼마나 자기의 능력, 흥미, 성격특성, 가치관에 맞는 진로를 찾느냐에 따라 달라집니다. 성공적인 진로란 사람이 일을 하며 만족감을 느끼고 행복한 인생을 살아가기 위한 과정을 의미합니다. 일을 하더라도 행복하기 위해서는 자신의 능력, 흥미, 특성에 맞는 직업을 골라야 한다는 것이지요. 기성세대들은 얼마나 좋은 직장을 다니고, 많은 월급을 받는지가 성공의 기준이라고 이야기했지만, 사실 당시의 사람들의 직업 만족도는 높지 않았습니다. 현재는 본인이 얼마나 자신의 일에 만족하는지, 행복함을 느끼는지가 성공의 기준이 된 것 같습니다. 이러한 '워라밸이 있는 삶'도 진로발달이론과 같은 맥락에 있지요.

선생님이 '선생님'이라는 진로를 선택한 이유

초등학생 진로교육의 핵심은 가치 중심의 긍정적 자기이해, 그리고 다양한 진로정보의 탐색과 분석이라고 할 수 있습니다. 여기에서 조금 더 나아가 인성교육 측면에서 올바른 가치관과 생활습관 형성이 함께 추구해야 할 목적인 것이지요. 어릴 적에는 저도 이러한 것들에 대해서 당연히 알지 못했고 그저 순진무구하게 학교와 집을 오갔을 뿐입니다. 다만 지금에서야 생각이 드는 것은 운이 좋았는지 제 생활습관이나 사고방식이 이러한 진로교육 측면에서 강조하는 부분들과 방향성이 비슷했다는 점입니다. 그래서 진로교육의 중요성을 늦게나마 더 뼈저리게 깨닫고, 부모님이 초등학교 시기부터 진로교육을 신경 써 주길 바라는 것입니다. 아이의 입장에서 필요한 진로교육이 무엇인지에 대해 함께 고민해 보는 의미에서 제 이야기를 조금 해 볼까 합니다.

저는 선생님이 꿈이었습니다. 때로는 과학자, 대통령, 의사를 장래희망으로 적어서 낼 때도 있었지만, 그래도 어린 시절부터 항상 변함없던 꿈은 선생님이었습니다. 스스로 '내가 진짜 좋아하는 것은 무엇일까?'라는 고민을 참 많이 했던 것 같습니다. 당시 제가 좋아하는 것들은 게임, 만화, 애니메이션 같은 일반적인 것들이었지요. 그리고 무언가 만드는 것을 좋아해서 인형 만들기, 요리하기, 쿠키 만들기 등을 직접 하기도 했습니다. 검도와 여러 악기도 배웠고, TV에서 〈도전 슈퍼모델〉이라는 프로그램을 보고는 원단을 용돈으로 직접 구입해서 바느질도 하며 인형 옷을 만들어 보기도 했지요. 물론 결과는 대실패였지만요. 옷을 제대로 완성하지 못해서 슬펐지만, 그래도 시침질, 박음질, 공그르기가 무엇인지 알고 내 손으로 무언가를 직접 만들어 봤다는 것만으로도 기뻤습니다.

중학교에 올라가며 더 많은 고민을 하게 되었습니다. 사실 초등학생 때부터 가정형편이 점점 더 어려워지기 시작했는데 미래에 대해 막연히 불안한 생각이 들었던 것입니다. 미래를 위해 지금 내가 할 수 있는 것은 없을까, 무언가 해 두면 좋은 것들이 없을까 고민했습니다. 어렸던지라 행동은 철없는 또래와 다를 바 없었지만요. 또 무언가 친구들에게 선물해 주는 것이 좋았습니다. 아마 또래집단 의식이 강해지고 주변에서 인정받기를 원해서였겠지요? 하지만 가정형편은 어려웠고 스스로 특별한 능력을 가진 것도 아니라서 뾰족한 수가 없었습니다. 그러다가 내가 조금이라도 잘할 수 있는 부분을 활용해 보자는 생각에 자신 있는 과목을 조금 더 열심히 공부해서 공부를 어려워하는 친구들을 가르쳐 주었습니다. 특히 시험기간에 친구들이 질문을 해 오면 각종 예시와 설명으로 친구들을 이해시키는 것이 눈이 반짝거릴 정도로 행복했습니다. 제가 물질적으로는 무언가 선물하지 못해도, 이러한 방식의 선물도 줄 수 있겠다고 느꼈기 때문이지요. 그때 질문을 해 주었던 친구들이 저에게는 은인과도 같은 존재입니다. 제가 나눔이라는 가치를 깨닫고, 제 강점을 이해하고, 힘든 상황 속에서도 긍정적으로 제 자신을 이해할 수 있었으며, 이를 꿈으로 이어나갈 수 있게 도와주었으니까요. 그 친구들은 모르겠지만, 저는 친구들의 이름과 질문했던 문제까지 기억하고 있답니다!

그리고 저는 어려서부터 일본 만화를 무척이나 좋아했습니다. 당시 투×××라는 방송사를 통해 방영되는 만화들은 무척이나 인기가 좋았는데 대부분 일본 작품이었지요. 시시때때로 TV와 컴퓨터로 만화를 찾아봤는데 문득 시간이 아까워졌습니다. '만화를 보면서도 내가 얻을 수 있는 이점이나 장점들이 있지 않을까?'라는 생각을 했습니다. 그러다 인터넷에서 일본 원작을 보게 되었고 앞으로 만화를 볼 때 더빙판이 아닌 일본판을 보면서 일본어를 공부하겠다고 결심했습니다. 따로 일본어를 공부하지는 않았지만, 그저 일본어로 듣고 자막을 보는 것만으로도 스스로 만족감과 안도감을 느낀 것이지요. 그리고 중학교에 입학해서 일주일에 한 시간 있는 제2외국어 일본어 시간에 열심히 참여한 것이 전부였습니다. 그렇게 스스로의 행동에 의미부여를 한 지 몇 년이 지나자 일본어를 자막 없이 들을 수 있게 되었고, YFU라는 단체의 단기유학생 프로그램에 합격하여 일본의 고등학교를 1달 동안 다녀오기도 했습니다. 이러한 과정이 점점 몸에 스며들어 지금은 일본어로 말하고 들을 수 있는 실력을 갖추게 되었고,

현재 교사로 일하면서 일본어 능력을 활용하기 위해 '유학'이라는 또 다른 진로를 설계하며 도전이라는 가치를 삶에 연결지었습니다. 어린 시절 별것 아닌 취미생활이 또 다른 진로 발전의 토대가 된 것이지요.

당시에는 어떠한 철저한 진로설계를 위해서 했던 행동들은 아니지만, 지나고 보니 모두 운 좋게 나 스스로를 탐색하고 진로를 설계하는 과정으로 이끌어주었습니다. 초등학생 시절부터 나를 이해하고, 나를 활용하며, 나를 꿈꾸는 것이 이렇게 장래희망을 이룰 수 있게 도와주었던 것이지요.

초등 교사로 재직하면서도 아이들과 함께 수많은 꿈을 꾸고 있습니다. 교육과정을 운영하며 아이들이 원하는 것들을 직접 같이 해 보고, 아이들이 꿈꾸는 것들을 같이 꿈꾸기 시작했습니다. 제가 유튜브 '안전한 영양균 선생님' 채널을 운영하게 된 것도 아이들의 바람이었지요. 아이들의 꿈을 같이 꾸다 보니 그 안에서 새로운 것들을 배웠고, 많은 사람들에게 선한 영향력을 주고 싶다는 또 다른 꿈이 생기기도 했습니다. 무엇보다 가장 만족스러운 것은 월요일에 출근하는 발걸음이 가볍다는 것입니다.

언젠가 다른 선생님이 '이 선생님은 왜 이렇게 학교 오는 얼굴이 밝아? 직장생활인데도 그렇게 좋아?'라고 한 적이 있습니다. 성공한 인생의 척도를 스스로 자신의 일에 얼마나 만족하고 행복한지로 본다면 저는 성공한 인생이 아닐까 조심스레 생각해 봅니다.

진로교육에서는 긍정적 자아개념이 중요하다는 것을 계속 강조했습니다. 예전의 제가 그랬던 것처럼 스스로 현재를 점검해 보고, 개선이 필요하거나 개발이 필요한 부분에는 더 박차를 가하는 것, 그리고 그 과정에서 의의를 찾고 의미 부여를 해 나가는 것, 이러한 것들이 모두 진로교육에 포함됩니다.

지금 이 책을 읽는 여러분과 자녀들은 더 나은 환경에서, 더 나은 미래를 꿈꾸며 자신의 진로를 준비할 수 있습니다. 자기이해와 진로설계를 통해 우리 아이들이 그 누구보다 행복한 인생을 살아가길 바랍니다.

영균쌤의 코칭 포인트

다양한 취미와 놀이의 중요성

우리 아이들이 흥미롭게 여기는 것과 하고 있는 취미생활 등은 가끔 어른들이 보기에는 의미 없어 보이고 시간 낭비처럼 느껴지기도 합니다. 하지만 이 세상에 쓸모없는 것은 없다고 합니다. 아이들이 즐기는 놀이 안에서 아이들의 진로에 활용할 수 있는 이점을 찾아보세요. 제가 만화를 보면서 일본어 능력을 키워 나간 것처럼 말이지요. 그리고 아이들이 단순히 놀이를 즐기는 것이 아니라 놀이나 취미생활에 빠져들면서 그 이점을 취할 수 있는 분위기를 만들어주세요.

아이들이 끊임없이 다양한 놀이나 취미를 찾을수록 매번 새로운 능력을 키우는 자기계발의 기회가 될 것입니다. 그리고 '부모님은 나의 놀이를 존중하고 지지해 주는 분이다!'라고 생각하여 애착감과 신뢰감을 더욱 향상시킬 수 있습니다.

학교교육만으로는 부족해요

교사가 가정에 교육 협조를 부탁하면 많은 부모님들은 그저 학교에 매번 "감사합니다. 잘 부탁드려요!"와 같은 인사를 합니다. 물론 이러한 부모님들의 인사와 믿음은 너무 기쁘고 감사합니다. 하지만 협력이 잘 이루어지지 않는 상황 자체는 막막하다고 느낄 수밖에 없습니다.

그렇다면 학교와 가정이 협업이 어려운 이유는 무엇 때문일까요? 저는 교육에 대한 열정은 넘치지만 실행방법을 모르기 때문이라고 생각합니다. 또는 교육에 대해 생각하는 입장이 다르기 때문일 것이라고도 추측합니다.

예전에 한 부모님의 이야기에 당혹스러운 적이 있었습니다.

"학생들이 요즘 술집에 가는 거 알고 계세요? 학교에서는 왜 지도를 안 하나요? 방치하는 건가요?"

깜짝 놀랐습니다. '초등학교 6학년이 술집이라니 말이 되는 소린가?' 하는 생각에 되물었습니다. 자세히 이야기를 들어보니 근처 카페에서 점심에는 샌드위치와 음료, 빙수를 팔지만 저녁에는 간단한 맥주를 팔고 있다는 것이었습니다. 교육의 필요성은 있을 것 같아서 관련 사안을 파악한 뒤 아이들과 토의 시간을 가져보겠다고 말했습니다.

그 이후 학교와 가정이 함께 교육하는 것이 무엇인지에 대해 고민했습니다. 교사는 학생들의 부모가 아닙니다. 하교하는 순간 아이들의 삶은 저와는 별개이고, 교사는 사적인 삶에는 개입할 수 없는 입장이기도 합니다. 학생들이 어제 점심이나 오후에 무엇을 간식으로 먹었는지, 누구와 놀았는지 전부 알지 못합니다. 또한 학교 주변 지역 거주자도 아니라 어떤 가게가, 어떻게 운영되는지 누군가 말해 주지 않으면 인지하는 데 한계가 있습니다.

담임 교사인 제가 먼저 그런 가게를 확인하고 아이들과 이야기를 나눠 봤으면 부모님이 걱정할 일은 없지 않았을까 하는 생각이 들었습니다. 하지만 동시에 학교교육에 아쉬움을 토로하기 전에 제게 미리 언질을 주거나 같이 교육하자고 도움을 요청했다면 더 좋았을 것 같다는 생각을 떨칠 수 없었습니다. "요즘 아이들이 모여서 카페에 놀러간다고 합니다. 근데 그곳에서 저녁에 맥주를 팔기도 한다고 하네요. 걱정이 되는데 선생님은 어떻게 생각하세요? 학교에서도 같이 안전교육을 하면 좋을 것 같아요"라고 했다면 적극적으로 협조했을 것입니다. 저에겐 이 경험이 협력 교육이 부족한 사례, 필요한 사례로 머릿속에 남아 있습니다.

학교와 가정은 하나의 교육공동체입니다. 학교교육에서 부족한 교육은 가정에 요청하기 마련입니다. 또한 반대로 가정에서 교육하는 데 어려움이 있는 부분은 학교에서 교육할 때 충분히 해결 가능한 것도 많습니다. 교육청에서 추구하는 마을교육공동체와 교육생태계의 확장이 바로 이런 부분들을 해결할 수 있지 않을까 싶습니다.

진로교육뿐만 아니라 모든 교육은 학교가 단독으로 맡기에는 벅찹니다. 학교에서 부족한 부분은 가정에서, 가정에서 부족한 부분은 학교에서, 그리고 더 넓은 사회로 교육을 연계시켜 확장해 나가야 합니다. 그래서 여러분에게 가장 기초적인 단계인 학교와 가정의 협력교육을 부탁하고 싶습니다. 4차 산업혁명에 걸맞은 인재를 길러내기 위해서는 교육방식 또한 발전해야 합니다. 학교에서 가정으로 그리고 가정을 뛰어넘어 지역사회와 국가로, 또 세계로 말이지요.

PART 2

학교에서는 진로교육을 어떻게 할까?

'교육과정'이 대체 뭔가요?

책을 쓰면서 되도록 많은 분들이 읽었으면 좋겠다고 생각했습니다. '자기 책이니까 그렇지!'라고 생각할 수 있겠지만, 사실 그런 의미는 아닙니다. 평소에는 부모님들에게 교사의 입장과 생각을 속 시원하게 이야기하거나 솔직하게 터놓기는 어렵습니다. 그런데 이 책에서는 "학교는 이렇고, 학급은 이렇습니다. 아이들 교육은 이렇고요. 그러니까 가정에서 이렇게 하면 너무 좋을 것 같아요."라고 직접 전할 수 있습니다. 이번 기회로 학교 현장의 교육과 가정에서의 교육방법을 함께 다룰 수 있게 되어 기쁩니다. 학교와 가정이 힘을 모아 진로교육을 할 수 있다면 아이들의 진로에도 좋은 영향을 줄 것이기 때문입니다.

가정에서 진로교육을 하기 위해서는 우선 학교에서 이루어지는 진로교육을 이해하면 좋습니다. 아이들은 학교와 가정에서 동시에 교육

받기 때문에 교육목표가 나뉘는 것보다 교육공동체가 모여 하나의 목적의식을 가지면 목적지에 더욱 효율적으로 다다를 수 있기 때문이지요. 따라서 이번에는 학교에서 어떠한 기준으로, 어떠한 방식으로, 어떠한 내용으로 진로교육을 하고 있는지 정리해 보겠습니다. 다소 어렵다고 느낄 수 있는 부분이지만, 필요한 선에서 쉽게 설명하겠습니다. 교육과정을 이해하면 아이의 교육을 학교에 맡기는 부모가 아닌, 학교와 함께 실천하는 교육 전문가가 되는 첫걸음을 뗄 수 있습니다.

전국에 있는 모든 학교는 '국가 교육과정'을 따르고 있습니다. 이 교육과정이라는 것은 교육을 통해 아이들을 어떠한 인재로 길러낼 것인지, 어떠한 목표를 가지고, 어떠한 내용을, 어떻게 가르치고 평가할지에 대한 내용을 담고 있습니다. 국가에서 지정해서 발표하기 때문에 전국에 있는 모든 학교들은 진행방식만 조금씩 다를 뿐, 같은 목적지를 향해 달려가게 되는 것입니다. 교육과정은 과거부터 지금까지 일정한 주기를 가지고 계속 개정되어 왔으며, 현재는 2015 개정 교육과정을 따르고 있습니다. 몇 년 전부터 등장하기 시작한 소프트웨어교육, 컴퓨팅 사고력, 스마트교육 등의 새로운 패러다임도 모두 2015 교육과정이 사회 발달상황을 반영하면서 그 안에 소프트웨어교육이 새롭게 추가되었기 때문입니다.

다음으로 알아두면 좋은 것은 바로 목표입니다. 국가는 과연 학교교육을 통해 아이들을 어떠한 인재로 키우고 싶은 것일까요? 이를 '추구하는 인간상'이라고 부르는데, 현재 교육과정에서 바라는 인간상은 홍익인간의 이념을 바탕으로 '자주적인 사람', '창의적인 사람', '교양 있는 사람', '더불어 사는 사람'입니다.

- 자주적인 사람: 전인적 성장을 바탕으로 자아정체성을 확립하고 자신의 진로와 삶을 개척하는 사람
- 창의적인 사람: 기초 능력의 바탕 위에 다양한 발상과 도전으로 새로운 것을 창출하는 사람
- 교양 있는 사람: 문화적 소양과 다원적 가치에 대한 이해를 바탕으로 인류 문화를 향유하고 발전시키는 사람
- 더불어 사는 사람: 공동체 의식을 가지고 세계와 소통하는 민주 시민으로서 배려와 나눔을 실천하는 사람

이렇듯 학교는 자주성을 띠고, 창의적으로 생각하며, 문화를 향유하는 교양을 쌓으면서 이를 주변과 함께 나누며 사는 삶, 이렇게 멋진 삶을 아이들이 살아갈 수 있도록 가르치고 이끌기 위해 노력합니다. 이 중에 자주적인 사람은 특히 진로교육과 더욱 깊은 관련이 있다고 볼 수 있습니다. 즉 나 자신을 이해하고 정체성을 파악하며 학생이 스스로 진로와 삶을 선택하고 개척해 나갈 수 있도록 가르쳐야 한다는 것입니다.

이러한 아이로 키우려면 학교에서는 어떠한 역량을 길러 주어야 할까요? '인간상'이라는 목표만 잘 설정한다고 해서 자주적이고 창의적이며 교양 있고 더불어 사는 사람으로 뚝딱 성장하진 않겠지요. 그래서 국가는 아이들이 전인적으로 성장해서 멋진 민주시민이 되기 위해 필요한 능력들을 고민했고, '핵심역량'이라고 부르는 6가지 구체적인 능력을 제시했습니다. 다음 내용은 진로교육이 아닌, 초 · 중 · 고등학교 전체와 전 과목을 아우르는 종합적인 목표입니다.

- 자기관리 역량: 자아정체성과 자신감을 가지고 자신의 삶과 진로에 필요한 기초 능력과 자질을 갖추어 자기주도적으로 살아갈 수 있는 능력
- 지식정보처리 역량: 문제를 합리적으로 해결하기 위해 다양한 영역의 지식과 정보를 처리하고 활용할 수 있는 능력
- 창의적 사고 역량: 폭넓은 기초 지식을 바탕으로 다양한 전문 분야의 지식, 기술, 경험을 융합적으로 활용하여 새로운 것을 창출하는 능력
- 심미적 감성 역량: 인간에 대한 공감적 이해와 문화적 감수성을 바탕으로 삶의 의미와 가치를 발견하고 향유할 수 있는 능력
- 의사소통 역량: 다양한 상황에서 자신의 생각과 감정을 효과적으로 표현하고 다른 사람의 의견을 경청하며 존중하는 능력
- 공동체 역량: 지역 · 국가 · 세계 공동체의 구성원에게 요구되는 가치와 태도를 가지고 공동체 발전에 적극적으로 참여하는 능력

이 중에서는 자기관리 역량이 자신에 대한 탐구, 스스로에 대한 심층 이해를 통해 미래를 결정해 나갈 수 있는 능력이므로 진로교육과 관련이 깊습니다. 그렇다고 해서 나머지 역량들이 진로교육과 연관이 없는 것은 아니며, 무엇 하나 빼놓을 수 없는 필수적인 역량입니다.

지금까지 교육과정이란 무엇이고, 교육과정에서 추구하는 가장 큰 목표는 무엇인지 정리했습니다. 학교에서 아이들을 어떠한 인재로 기르고 싶어 하는지, 어떠한 힘을 키워 주고 싶은지에 대한 이야기였지요. 조금 지루할 수 있지만 여기까지 잘 따라 왔다면 국가 교육과정을 전반적으로 살펴보고 이해한 것입니다.

여러분의 아이들은 학교를 다니며 잘 교육받고 있는 것 같나요? 국가가 추구하는 인재상에 가까운 아이들로 자라나고 있다고 느끼나요? 그렇다면 이제부터 학교와 함께 한배를 타고 아이들의 밝은 미래를 향해 노를 저어 보겠습니다.

학교에서는 진로교육을 어떻게 하고 있나요?

앞에서 설명한 핵심역량을 키우고 인재상에 걸맞은 아이로 키우기 위해서 학교에서는 다양한 과목과 활동, 평가들을 준비합니다. 이것이 학생들이 말하는 '학교 공부'인 것입니다. 학년에 따라 조금씩 다르지만, 초등학교 고학년은 국어, 수학, 사회, 과학, 음악, 미술, 체육, 영어, 실과, 도덕, 창의적 체험활동을 기본 교과목으로 삼고 있습니다. 이 중에 진로교육과 관계있는 과목은 무엇일까요? 진로교육이라는 과목이 없는데 어디서, 어떻게 가르치고 있는 것일까요?

사실 2009년 개정 교육과정 이전에 진로교육은 교육과정에서 필수 교육 내용이 아니었다고 합니다. 말 그대로 곁가지처럼 해도 되고 안 해도 되는 선택적인 교육, 하나의 교육 주제 정도로 인정받았던 것입니다. 하지만 급속한 산업발달과 현대화, 세계화 그리고 직업의 다양화가 이루어지며 학생들의 자기이해와 자아정체성 확립, 자기 주도적 진로 탐색 및 설계의 중요성이 대두되어 교육과정 안에 필수로 자리 잡게 됩니다. 다만 따로 한 과목으로 독립한 것이 아닌 '창의적 체험활동'이라는 과목의 한 영역을 차지하게 되었습니다. 이 책을 보고 있는 여러분도 학창시절을 떠올려 보면 CA시간이라며 학급회의, 동아리 활동 등을 했던 기억이 있을 겁니다. 그 시간이 바로 지금의 창의적 체험활동 시간입니다.

창의적 체험 활동 시간은 자율 활동, 동아리 활동, 봉사 활동, 진로 활동의 4가지로 구성되어 있습니다. 그리고 진로 활동은 자기이해 활동, 진로탐색 활동, 진로설계 활동으로 세부 활동이 구성되어 있지요. 자기이해 활동은 단어 그대로 스스로에 대해서 알아보고 심층적으로 이해하는 것입니다. 그리고 이를 바탕으로 나와 어울리는, 나에게 적합한 진로는 무엇이 있는지 찾아보는 진로탐색 활동을 한 후에 다양한 정보를 바탕으로 나름대로의 계획을 수립해 보는 진로설계 활동 순으로 진로교육이 진행되는 것이지요.

초등교육에서 진로 활동의 목표는 긍정적인 자아 개념을 형성하는 동시에 일과 직업의 중요성을 이해하는 것입니다. 또한 다양한 직업 세계를 탐색하고 자신의 미래를 위한 진로 기초 소양을 함양할 수 있도록 지도합니다.

세부활동	목표	활동 예시
자기이해 활동	긍정적인 자아 개념을 형성하고 자신의 소질과 적성에 대해 이해하기	• 자신의 강점 키우기 활동: 자아 정체성 탐구, 자아 존중감 키우기 등 • 자기특성 이해활동: 직업 흥미 검사, 직업 적성 검사 등

진로탐색 활동	-일, 직업, 직업세계의 특성 등을 이해하여 올바른 직업의식을 함양하기 -자신의 진로와 관련된 직업정보를 탐색해 보고 체험하기	• 일과 직업 이해 활동: 일과 직업의 역할과 중요성 알기, 직업 세계의 변화 알기, 직업 가치관 확립하기 등 • 진로정보탐색 활동: 직업, 진학, 학교, 자격 등에 대한 관련 정보 탐색해 보기 등 • 진로체험 활동: 관련 직업인 인터뷰 및 초청 강연, 현장 방문, 직업 체험관 방문, 인턴, 직업 체험 등
진로설계 활동	자신에게 맞게끔 진로를 창의적으로 계획하고 실천하기	• 계획 활동: 진로 상담을 통한 진로 의사 결정, 학업에 대한 진로설계, 직업에 대한 진로설계 등 • 준비 활동: 일상생활 점검, 진로 목표 설정, 진로 실천 계획 수립, 학업 관리 등

출처: 2015 개정 창의적 체험활동 교육과정

이렇듯 2009 개정 교육과정 이전에는 학교마다 선택적으로 진로교육을 진행했지만, 이제는 전국의 모든 학교에서 의무로 진행하게끔 바뀌었습니다. 그렇다면 이 학교에서의 진로교육 시간은 1년에 얼마나 될까요? 학교와 학년마다 조금씩 차이는 있겠지만, 제가 근무하고 있는 학교를 기준으로 보면 1년에 약 91시간의 창의적 체험활동 시간이 잡혀 있습니다. 그런데 이 91시간은 창의적 체험활동 전체에 배정된 시간이고, 이 중 진로교육에 해당하는 시간은 오직 10시간뿐입니다.

국가에서 진로교육을 교육과정 속에 포함시켰으니 학교에서 진로교육을 충분히 잘해 줄 것이라고 생각했는데 1년에 약 10시간뿐이라니 아쉽다고 생각할지도 모르겠습니다. 특히 진로교육에 관심이 있고 아이의 진로설계의 필요성을 절감하는 부모님이라면 말이지요. 저도 참 아쉬울 따름입니다. 다행스러운 것은 교사들이 창의적 체험활동 시간에만 진로교육을 하는 것은 아니라는 사실입니다. 교사들은 교육과정에서 진로교육을 특정 교과의 일부 단원으로 넣거나 교과에 통합하고, 교과 외 활동 등 여러 방법을 구상하여 추가적인 진로교육을 실시합니다. 특히 중학교에 입학하게 되면 아이들은 자신에 대해 이해하고 진로를 탐색하는 자유학기제를 경험하게 되지요.

이렇게 각 학교에서는 국가 교육과정을 따르며 창의적 체험활동 및 교과를 활용하여 진로교육을 실시하고 있습니다. 진로교육이 과거에 비해 더 각광받고 있고 중요성이 대두되는 만큼 교육과정에 그 내용이 더욱 강조될 것입니다. 또한 그만큼 학교교육에서도 더 다채로운 진로교육 활동이 이루어질 것입니다.

영균쌤의 코칭 포인트

고교학점제 대비하기

미래형 교육과정으로 2022 개정 교육과정이 발표된 후, 고교학점제에 대한 이야기가 뜨거운 감자가 되었습니다. 고교학점제를 확대하여 학생들이 자신의 진로에 맞게 선택할 수 있는 맞춤형 교육과정을 운영하겠다는 취지이지요. 목적은 훌륭하나 실질적인 운영과 효과에 대한 걱정이 많습니다. 환경이 제한적이고 학생들의 자기주도성과 진로설계 능력이 아직 부족하기 때문입니다. 지금 초등학생인 아이들은 고교학점제가 적극 반영될 아이들입니다. 지금부터 부모님들이 아이들에게 가르쳐주셔야 합니다. 자신을 이해하고, 그에 맞는 의사결정을 할 수 있는 방법을 알고, 자기주도적으로 실천해나갈 수 있도록요.

교과서로 진로교육을 할 수 있다고요?

부족한 진로교육 시간의 한계를 극복하기 위해 교사들은 교과 수업에 진로교육을 접목시켜 진행할 때도 있다고 앞에서 설명했습니다. 학생들이 국어, 수학, 사회, 과학 등의 일반 교과 시간에도 스스로에 대해 생각해 보고, 자신의 흥미와 적성을 파악하여 진로설계에 한 걸음 더 다가갈 수 있도록 말이지요. 이번에는 그 예를 들어 보겠습니다.

이 이야기를 구체적으로 언급하는 것은 PART 4 때문입니다. PART 4에서는 가정에서 아이를 어떻게 공부시키고 진로교육을 해야 할지 알아보는데, 여기에서는 그 예습으로 교과 수업 중에 진로교육을 이런 형태로 녹여낼 수 있구나 하는 것을 살펴보도록 합시다. 이 방법은 이곳저곳에 활용하기 좋습니다. 이번 내용 역시 부모가 '우리 집 학교'의 담임 선생님, 교장 선생님이 되기 위한 밑거름이라고 생각해 주세요.

국어 교과 단원 중 상대의 입장에 공감하며 마음을 전하는 글쓰기 활동이 있습니다. 담임 교사는 국어 수업의 활동 목표와 진로교육을 연결해 수업을 재구성할 수 있습니다.

예를 들어, 우선 학생들에게 최근 내가 감사함을 느꼈던 분들을 떠올리게 합니다. 어떤 친구가 도서관에 가서 책을 찾는데 사서 선생님의 도움을 받았다면, 그 일을 수업 주제로 삼는 것입니다. 자신에게 어떠한 일이 있었고, 어떠한 도움을 받았는지 정리해 보라고 합니다. 그리고 이 과정에 진로교육을 접목시켜 사서는 어떠한 일을 하는지 알아보게 하는 것이지요. 사서라는 직업은 무엇이고, 어떠한 일을 하는지, 어떠한 특성이 있으며, 어떤 사람에게 잘 어울릴 것 같은지 등을 같이 떠올려보게 합니다. 자신이 직접 만났던 사서 선생님을 생각하며 해당 내용을 하나씩 알아가게 되면 아이들은 더 흥미를 가지고 직업이라는 것을 더욱 현실감 있게 받아들입니다. 이후 다시 교과 수업을 끌어와 자신의 마음을 상대에게 전달하는 글쓰기 활동을 해 보게 합니다. 아이들은 사서에 대한 구체적인 정보를 바탕으로 더욱 풍성한 글을 쓸 수 있고, 사서의 입장을 잘 이해할 수 있게 되었으므로 국어 수업의 학습 목표인 '상대의 입장에 공감하며 마음 전하기'도 더욱 효율적으로 달성할 수 있습니다.

이 내용은 도덕 교과의 '우리 생활 속에서 영웅 찾아 감사함 느끼기' 또는 사회 교과의 '인간의 인권 신장을 위해 노력한 사람들'과도 접목할 수 있습니다. 이외에도 실과 교과의 의생활, 식생활 교육을 진행할 때 관련 직업이 우리 생활에 주는 영향을 공부해 보거나 과학 교과에서 해당 개념과 관련 있는 직업을 탐구할 수도 있습니다. 이렇듯 여러 과목에서 다양한 방법을 활용하여 진로교육을 진행하는 것이 교과 통합 진로교육입니다.

이렇게 학교에서도 다양한 수업과 교육과정을 진행합니다. 하지만 학교에서는 진로교육뿐만 아니라 독서교육, 인성교육, 성교육, 환경교육, 안전교육, 소프트웨어교육, 생명존중교육 등 수많은 범교과 학습 주제들을 함께 가르치라는 기준들이 쏟아집니다. 학교도, 교사도 최선을 다하지만 그만큼 진로교육에 힘을 쏟기 부족한 것 또한 현실이지요. 그러므로 학교의 실상을 잘 파악하고 가정에서 보조를 맞춰 충실하게 진로교육을 한다면 아이의 미래를 설계하는 데 큰 도움이 됩니다.

영균쌤의 코칭 포인트

생각할 거리 마련해 주기

부담 없이 단순한 질문 하나로 시작하면 됩니다. 생각할 거리를 제공해 주면 아이들은 자연스럽게 진로교육을 경험할 수 있습니다. 이때 학교에서 배운 교과 내용은 대화와 생각거리의 주제와 소재가 됩니다. 아이들이 자신의 특성을 생각해 볼 기회를 주세요. 그리고 질문과 대답을 주고받으며 자녀가 생각하는 스스로의 특성과 부모님이 생각하는 자녀의 특성을 공유해 보세요. 초등학생 진로교육에서 무엇보다 중요한 것은 '자신을 이해하는 것'입니다.

"오늘 학교에서 배운 내용 중에 기억에 남는 내용이 있니?"

"어떠한 부분이 재밌었니?", "네가 흥미를 가질 만한 내용은 무엇이 있었는지 말해 줄래?"

"너의 성격(강점)과 비교하여 그 부분이 인상적이었던 이유는 무엇이라고 생각하니?"

"너의 성격(강점)을 활용할 수 있는 곳은 무엇이 있을까?"

우리 아이의 '언덕'은 어떤가요?

학교에서의 진로교육은 교육과정에서 언급한 핵심역량을 기르는 것을 중점으로 삼고 있습니다. 그리고 교육과정 속에서 학생이 자신은 누구인지, 내가 원하는 것은 무엇인지, 내가 바라는 것은 어떠한 것인지에 대해 심층적으로 탐구하게 합니다. 그 이후에 자신이 관심과 흥미를 가지는 것은 무엇인지, 이에 어울리는 직업군에는 무엇이 있는지를 연결시켜보며 진로에 대한 큰 그림을 그리게 되는 것이지요. 중학생 이후부터는 구체적인 진로 정보를 찾아보며 집중 탐구하는 시간을 갖지만, 초등학생은 아직 자기이해와 자아정체성이 확립되는 초기 단계이므로 최대한 많은 직업의 세계에 대해 알아봅니다. 결론적으로 초등학생 진로교육의 첫 단계는 자신에 대한 이해와 긍정적 자아개념 형성입니다.

진로발달론에 따르면 초등학생 시기의 아이들은 진로에 대해 추상적으로 생각하며, 환상을 가지고 있는 시기라고 합니다. 따라서 꿈에 대해 물으면 자신의 생각이나 마음을 바탕으로 합리적인 답변을 내는 것이 아닌, 자신의 상상이나 주변의 환경에 많은 영향을 받습니다. 다른 표현으로는 가정과 학교 등 생활 속 주요 인물과 자신을 동일시함으로써 자아개념을 발달시키는 단계라고 할 수 있습니다. 예를 들어 아이들에게 꿈이 무엇이냐고 질문하면 부모가 말하는, 부모가 원하는 꿈을 이야기하고 그것이 마치 자신의 꿈인 양 생각하는 것이지요. 이러한 경우에서도 알 수 있듯이, 초등학생들에게는 긍정적인 자아개념과 자아효능감이 무엇인지 깨닫고, 이를 만들기 위해 노력하며, 그 속에서 자신의 적성과 흥미를 찾아나가는 것이 우선되어야 합니다.

학교에서는 아이들의 자아개념을 찾아주기 위해 다양한 노력을 기울입니다. 우선 도덕시간에는 학생들이 자신의 감정과 다양한 가치 덕목들에 대해 알아보는 활동이 많습니다. 사랑, 감사, 배려, 양보, 예의, 봉사, 나눔 등과 같은 덕목들이 무엇인지 탐구하고, 여기에 자신의 감정을 대입하여 스스로의 정서 상태를 성찰해 보는 활동들이지요. 자신이 현재 느끼는 감정은 무엇인지에 대해 알아보는 것부터가 자아개념 및 자아정체성 형성의 시작입니다. 지금 현재 나의 상태를 제대로 알아야 미래의 나를 상상해 볼 수 있습니다.

여러 번 강조하는 것처럼, 초등학생 진로교육의 첫 단계는 자아에 대한 심층적인 이해를 하는 것입니다. 하지만 많은 부모님은 아이가 어떠한 직업에 대해 알아보고, 준비하고, 체험해야만 진로교육을 받았다고 생각하지요. 진로교육이라고 해서 갔더니 진로체험은 하지 않고 상담이나 나 알아보기, 나 소개하기 등과 같은 자기이해 활동만 한다고 생각한 적이 있다면 이제 진로를 조금 더 넓게 바라봐주세요. 진로는 한 사람의 인생이자 삶입니다. 한 사람의 인생과 미래를 논하기 위해서는 그 배경을 잘 파악해야 합니다. 언덕 위에 그림 같이 멋진 집을 짓고 산다는 미래를 현실로 만들기 위해서는 기반이 되는 언덕이 어떠한 상태인지 꼼꼼히 봐야 합니다.

아이들의 상태를 먼저 살펴보세요. 아이들이 생각하는 자신은 누구인지, 어떠한 생각과 감정을 가지고 있는지에 대해 귀 기울여 주세요. 아이는 자신의 이야기를 잘 들어주는 사람에게 더욱 자연스럽게 자신의 속내를 드러내게 됩니다. 그리고 이 과정을 반복하며 자신도 모르는 사이에 스스로에 대해 더욱 깊이 이해하게 됩니다.

그리고 아이들이 긍정적인 방향으로 자아개념을 수립할 수 있게 도와주세요. '나는 무엇이든 되고 싶지 않아', '나는 원하는 게 없어', '나는 잘하는 것이 없어'라고 생각하는 순간, 아이는 미래에 대한 희망을 잃어버립니다. 목표는 단순히 자아개념을 형성하는 것이 아니라 긍정적인 자아개념을 형성하는 것입니다. 활발한 아이도, 소심한 아이도 자신의 강점과 약점을 이해하고, 그 안에서 나를 더욱 빛나게 해 줄 수 있는 방법은 무엇이 있을지 생각하는 긍정적인 자아개념이 필요합니다.

아이의 미래에 언덕 위의 그림 같은 집을 짓고 싶나요? 그렇다면 우선 언덕이 어떠한지 살펴보세요. 우리 아이의 언덕은 지금 어떤 상태일까요?

직접 경험은 왜 중요한가요?

초등학생 아이가 어느 정도 자아개념을 정리하고 있다면, 그다음은 일과 직업에 대한 이해와 탐색을 해야 합니다. 일이란 무엇인지, 직업이란 무엇인지, 그리고 어떠한 의미를 지니는지를 알아보고 얼마나 다양한 선택지가 있는지를 알려주는 것이 중요합니다. 아이들은 일과 직업에 대해 궁금증, 호기심, 의구심을 바탕으로 자신의 진로를 상상해 봅니다. 현실적인 내용보다는 '내가 그 직업을 갖는다면?'이라는 상상만을 즐기는 것입니다. 이러한 시기의 아이들에게 필요한 것은 무엇일까요?

아이들은 상상의 즐거움을 알고 있습니다. 그래서인지 자신의 내일, 모레 그리고 미래조차 모두 상상의 나래를 펼치기 마련이지요. 이러한 상상은 좋은 교육자료이자 교육방법이 될 수 있습니다. 진로교육과 연결시켜보면 앞서 이야기한 것처럼 진로발달론에 따라 초등학생 아이들은 환상을 가지고 있는 상태입니다. 이 환상을 자극하여 자신의 미래에 대해 더욱 넓고 무궁무진한 상상의 나래를 펼칠 수 있게 도와주어야 합니다. 실제로 우리 아이들의 미래는 무궁무진하니까요. 어른들은 아이들이 어떠한 것에 재미를 느끼는지 파악하고, 알려주고, 자녀의 특성과 직업의 특성을 조금씩 연관 지어 생각해 보는 기회를 마련해 주어야 합니다.

우리 인간은 기억에 의존하며 생활합니다. 어떤 일을 생각하고 느끼며 판단하는 과정에는 기억 또는 경험이 가장 강하게 영향을 줍니다. 한 가지 예를 들어 보겠습니다. 남녀노소 누구나 좋아하는 치킨! 한번이라도 먹어 봤다면 다들 좋아하고 일상생활에서도 '오늘은 치킨이 먹고 싶네!'라고 이야기합니다. 가족 외식 메뉴가 주로 치킨이라면 아이들은 치킨이 먹고 싶다고 자주 생각하겠지만 피자, 쌀국수, 팟타이 등의 음식을 먹어 본 아이들은 치킨 말고도 더욱 다양한 메뉴를 고를 수 있습니다. 직접 맛본 음식이 많기 때문이지요. 아이들이 여러 메뉴나 외국 음식들을 먹어봤다고 해서 무조건 그 음식들을 즐긴다고 할 수는 없지만, 최소한 내 입맛에 맞는지 맞지 않는지는 알게 됩니다. 이러한 경험과 기억을 통해 자신의 입맛 기준에 대해 더욱 확실하게 알게 되는 것입니다.

이처럼 일상생활 자체도 교육이 될 수 있습니다. 일상에서 겪는 사소한 경험들이 또 다른 효과를 내는 교육자료가 될 수 있기 때문입니다. 진로교육도 앞에서 예로 든 음식 메뉴와 같습니다. 아이 스스로 자신에 대해 상상해 볼 때 더욱 많은 상상을 할 수 있도록 여러 직업들을 맛볼 수 있는 기회가 있다면 더욱 좋다는 것입니다. 우리가 주로 맛본 음식에 대해서만 떠올리듯이, 아이들도 다양한 일과 직업을 맛봐야만 머릿속에 떠올릴 수 있답니다. 단편적인 경험을 가진 아이는 '비행기'에 대해 조종사처럼 한 가지 직업만 떠올리는 경우가 많습니다. 그런데 다양한 경험이나 탐색의 기회를 가진 아이들은 승무원, 비행기정비사, 관제사, 세관, 공항 보안관 등 세부적인 이야기를 끌어낼 수 있게 됩니다.

이러한 발달 특성에 맞추어 초등학교에서는 주로 다양한 진로를 탐색하는 기회를 마련합니다. 학교에 있는 직원들은 교사, 행정직원, 조리사, 학교보안관 정도로 직업 인프라가 매우 협소합니다. 따라서 외부 지역기관이나 사업체의 도움을 받아 다양한 직업 분야를 체험해 볼 수 있는 활동들을 계획합니다. 제가 '진로교육' 담당교사로서 맡은 업무는 진로적성검사, 온라인 진로교육, 진로캠프, 진로박람회 등 진로 전반에 관한 계획을 수립하고 운영하는 것이었습니다. 이때도 마찬가지로 학생들이 온라인 또는 진로캠프, 박람회 등을 통해 다양한 직업들을 알아보고 직간접적으로 체험하며 자신의 흥미와 적성을 개발해 볼 수 있는 활동을 마련합니다. 교육적인 효과를 조금 더 높이기 위해 학생들을 대상으로 설문조사를 실시하여 관심이 있는 직업군을 조사하고 해당 직업을 갖고 있는 분을 직접 학교로 초빙하기도 합니다. 그리고 아이들은 그 직업에 대해서 생동감 넘치는 이야기를 듣고 질문하며 간단한 모의활동을 통해 직업을 체험하게 됩니다. 이 활동의 핵심은 주로 자기이해, 자아개념 확립 그리고 다양한 직업 탐색 및 맛보기라고 할 수 있습니다.

이외에도 여러 학교 행사들을 진로와 접목시키기도 합니다. 여러

분도 '학예회'를 준비했던 기억이 있을 겁니다. 저도 1학년 때는 여자 친구와 짝이 되어 꼭두각시 공연을 했고, 4학년 때는 남자친구들과 함께 치마를 입고 포크댄스를 췄지요. 제가 기억하는 학예회는 부모님들을 초청하여 학생들이 재롱을 부리는, 그리고 준비하는 과정에서 반의 단합력을 높이는 활동이라는 느낌이 강했던 것 같습니다. 하지만 최근 들어서 학예회는 그 명칭이 변경되어 학교 특색에 맞게 운영되는 경우가 많습니다.

제가 근무했던 학교에서는 학생들이 자신이 평소에 관심을 가지고 있었던 분야에서 활동하고 있는 것들을 자유롭게 발표하는 '꿈끼발표회'라는 행사를 진행했습니다. 꿈끼발표회를 준비하고 참여하면서 자기를 이해하고, 발표를 통해 자신이 노력한 과정을 친구들과 공유하며 성취감을 얻는 것이 목표입니다. 취미로 하고 있는 악기를 가져와 연주하는 친구들도 있었고, 어떤 친구들은 평소 관심이 있던 스마트기기를 가져와 시연하기도 했습니다. 친구들 앞에서 자신의 끼를 뽐내며 아재 퀴즈쇼나 안전 퀴즈쇼 등을 진행하는 아이들도 있었지요. 교사는 학생이 원하는 것이면 어떤 것이든 자신의 꿈과 끼를 펼칠 수 있도록 옆에서 지원하고 격려하는 역할을 맡았습니다. 학예회가 이전의 모습과 많이 달라진 것처럼 학교에서도 진로교육을 위해 다양한 시도를 하고 있습니다.

꿈끼발표회 영상을 확인해 보세요!

아이들에게 더욱 다양한 경험을 선사해 주세요. 아이들이 상상할 수 있는 한, 최대한 마음껏 상상의 나래를 펼칠 수 있도록 다각도의 탐색활동을 마련해 주세요. 긍정적인 자아개념 형성이 우선이고, 이와 함께 일과 직업에 대한 탐색이 뒤따라 주는 것이 좋습니다. 마치 아이들이 자신의 탕수육 취향이 부먹인지 찍먹인지, 어느 쪽인지 그간의 경험으로 잘 아는 것처럼 같은 맥락으로 진로도 아이가 자신의 취향을 파악하고 확고히 할 수 있는 능력을 갖출 수 있도록 도와줘야 합니다.

영균쌤의 코칭 포인트

직접 경험해 보는 것이 중요해요!

예전에 친구와 함께 태국 여행을 간 적이 있었습니다. 돈이 없는 대학생이라 알뜰살뜰한 여행을 하던 와중에 한 식당에서 식사를 하게 되었지요. 메뉴판에 적힌 '똠냥꿍 베스트'라는 글자를 보고 친구는 먹어 보자고 했지만 저는 똠냥꿍이 맛없다는 이야기를 듣기도 했고 다른 메뉴에 비해 비싼 가격 때문에 싫다고 했습니다. 제 말에 친구는 "맛없는 것도 직접 먹고 맛없다고 해야지, 다른 사람 말만 듣고 맛없다고 생각하다니 똠냥꿍이 너무 안쓰럽잖아!"라고 했습니다.

그 말을 듣자 머리를 한 대 맞은 것 같았습니다. 평소 무엇이든 경험이 중요하다고 생각하던 내가 나도 모르는 사이에 선입견을 가졌구나 싶어서 아차 했지요.

결국 저는 친구와 3만 원짜리 똠냥꿍을 시켰지만 예상대로 시큼하고 비린 향에 대부분을 남겼습니다. 그래도 그 안에 있던 새우는 나름 입맛에 맞아 잘 먹었습니다. 별것 아닌 사소한 에피소드지만 저는 이 일 이후로 '무엇이든 내가 직접 해 보는 것이 중요하구나! 사람들이 잘 맞지 않다거나 좋지 않을 것이라고 말이 많은 것들도 내가 해 보는 게 중요하구나!'라는 생각을 하게 되었습니다. 그리고 마음에 들지 않는 일을 하게 되었을 때도 그 안에서 분명 내가 배울 점이 있을 거라고 생각했습니다.

초등학생의 진로교육에서는 긍정적인 자아개념 형성과 다양한 일과 직업에 대한 탐색이 중요하다고 했습니다. 저는 이 부분을 쓰면서 가장 먼저 똠냥꿍 이야기가 생각났습니다. 일, 직업, 진로에 대해 이야기할 때는 이미 어느 정도 정해진 사회적 통념상 좋다 또는 나쁘다를 판단하게 됩니다. 진로는 스스로 정해야 하는 것인데도 대부분 직접 경험을 간과하기 쉽고 비인기 진로에 대해서는 탐색의 기회조차 가지려 하지 않지요.

다양한 진로 탐색을 위해서는 우리 어른들의 눈높이가 아닌, 아이들의 눈높이에서 직업의 세계를 바라보는 자세가 필요합니다. 내가 좋아하지 않더라도, 좋지 않다고 이야기를 들었더라도, 그 안에서는 분명 깨달을 점이 있습니다. 아이들에게 진로 탐색 기회와 상상의 기회를 제공하고자 할 때는 저의 똠냥꿍 이야기를 생각하며 더 다양하고 폭넓은 경험을 쌓을 수 있도록 도와주세요. 이를 통해 양질의 진로교육을 할 수 있을 것입니다.

교육도 유행이 있다고요?

유행이라고 생각하면 어떤 것이 먼저 떠오르나요? 맛집? 패션? 액티비티? 사실 딱 정할 수 없을 정도로 모든 분야에는 유행이라는 것이 존재하지요. 자신이 관심 있는 분야에서는 적극적으로 유행을 분석하고 따라가며 '트렌디'한 사람이 되기도 합니다. 패션의 유행은 주로 유명 디자이너, 브랜드, 연예인들이 이끕니다. 어떠한 규정이나 지침은 없지만, 어디에선가 예쁘고 멋진 디자인이 나오면 사람들에게 관심을 받고 유행 아이템이 되지요. 이와 마찬가지로 교육에도 유행이 있습니다.

그렇다면 교육의 유행은 누가 이끄는 것일까요? 어떠한 방식으로 유행이 생겨나고 퍼져나가는 것일까요? 이번에는 학교에서 진행하는 진로교육과 연관이 깊은 교육의 유행과 그 방식 그리고 현재에 대해서 이야기해 보겠습니다.

교육계의 유행을 선도하는 것은 다름 아닌 교육과정입니다. 조금 더 구체적으로 보면 전 세계와 한국 사회를 반영하는 교육과정이 유행을 선도합니다. 교육부는 현대 사회에서 건실한 국가를 형성하는데 기반이 되는 요소들을 선별합니다. 그리고 이를 전 국민에게 의무적으로 가르치기 위해 교육과정에 반영하여 공표합니다. 그러고 나면 학교와 각 교육기관에서는 이를 따라야 하기 때문에 전국적으로 해당 분야에 교육 열풍이 불게 되는 것입니다. 최근 교육과정은 각 정부에 따라 1번씩은 개편되었는데, 전전의 정권에서는 교육에 '녹색'을 강조하여 여러 교육 분야에 녹색을 접목시키기도 했고, 전 정권에서는 소프트웨어교육과 코딩교육을 강조하는 교육과정을 발표했습니다.

현재는 2015 교육과정과 2022 교육과정의 과도기입니다. 현장에는 2015 교육과정이 적용되고 있지만, 모든 연구는 2022 교육과정을 향해 나아가고 있기 때문이지요. 2022 교육과정에서는 2015 교육과정에서 강조하던 내용과 비슷한 맥락의 것들을 강조하고 있습니다. SW교육, AI교육, 생태전환교육, 민주시민교육, 지속가능한 발전, 안전 교육망 등이 있지요. 이전과 확연하게 다른 점은 2022 교육과정에서는 불확실성에 대비하는 포용 중심의 미래교육을 강조한다는 점입니다. 개인에 맞춘 개별화 교육과정과 진로교육(고교학점제), 온라인 연계 학습과 같이 4차 산업혁명 시대에 맞춘 새로운 시도를 추구하고 있습니다.

이러한 현상을 보며 여러 생각이 들었습니다. 현대 사회의 모습이 교육과정에 반영되고, 교육과정으로 인해 학교교육이 바뀌고, 학교

교육이 바뀌면 사교육이 바뀌고, 이것이 점점 모든 교육 분야에 영향력을 끼치기까지, 일련의 과정들이 과연 학부모에게 어떠한 영향을 줄지 고민이 되었습니다. 제가 생각하기에는 교육의 유행이, 그리고 유행에서 파생되는 말들이 모두 틀린 것은 아니지만 또 다 맞는 것은 아닌 것 같습니다. 소프트웨어교육이 4차 산업혁명 시대에 걸맞은 인재를 길러내는 데 도움은 줄 수 있지만, 소프트웨어교육을 받지 않는다고 해서 4차 산업혁명 시대에 살 수 없는 것은 아니니까요.

그런데 부모님들은 학교 현장보다 이러한 유행에 매우 민감하고 예민하게 반응합니다. 주변에서 자꾸 이야기가 나와서, 잘은 모르지만 어쨌든 중요한 것 같아서, 내 아이만 뒤처질 수도 있을 것 같아서 등 다양한 이유가 있을 것입니다. 상담주간에 부모님들이 이 부분에 대해 질문하면 저는 이렇게 답합니다.

"아이들은 저희보다 현대 사회의 발전 속도에 더욱 영향을 많이 받습니다. 생활이나 흥미, 취미, 학업, 심지어 진로에도 말이지요. 이러한 사회적 흐름에 부응하는 것이 좋을 수도 있겠지만 아이들의 진로를 놓고 보면 항상 좋다고는 할 수 없을 것 같아요. 아이들에게 필요한 부분은 이미 교육과정에서 의무화되었기 때문에 학교에서 기본기는 가르치고 있습니다. 그러니 너무 조바심을 갖거나 걱정하지 마세요. 다만 아이들이 특정 분야에 관심을 갖는다면 그에 대한 기초 소양과 적성 개발을 위해 적극적으로 지원해 주세요. 학교교육 이외의 분야에서는 아이의 말에 귀 기울여 주면 그게 가장 적절한 ㅇㅇ이 맞춤형 교육이 됩니다."

정답이 없는 뻔한 대답일 수도 있지만 그렇기 때문에 더욱 맞는 말이라고 생각합니다. 아이들에게 중요한 것은 초등교육의 목표인 기초 생활습관 형성, 기본 학습습관 형성입니다. 그 외에 부가적인 수업들은 정말 부가적인 것이지, 그것이 핵심이 되지는 않습니다. 학교교육을 믿고 부가적인 것들은 진로교육 측면에서 접근하여 아이들의 의견을 따라 주면 됩니다.

사회의 변화가 교육과정의 변화를 끌어오고, 이것이 학교교육과 사교육, 학생교육까지 전파됩니다. 그리고 그것은 사회와 학생을 연결하는 통로가 되지요. 이 통로 속에서 학생들이 자신의 길을 잘 찾아나갈 수 있도록 해 주는 것이 진로교육이 아닐까요? 교육의 유행이 무엇인지는 파악하되, 초심을 잃지 않고, 무엇이 필요한지 살피며, 필요한 것들을 아이들의 흥미와 적성에 맞추어 선택할 수 있는 능력이 필요한 때입니다.

PART 3

어떻게 학교를 다니게 해야 할까?

우리 아이,
학교생활은 잘하나요?

매 학기가 시작되면 약 1주일간 학부모상담주간이 계획되어 있습니다. 연초에 진행되는 상담기간에는 항상 20분 이상의 부모님과 방문상담 또는 전화상담을 진행하게 되는데, 사실 담임 교사도 아직 아이에 대해 정확히 파악하지 못했을 무렵일뿐더러 내가 맡은 학생의 부모님을 만난다는 것 자체가 부담이기도 하지만 이러한 마음은 잠시 접어두고 상담을 시작합니다.

"안녕하세요, ○○이 부모님! 상담을 신청해 주셔서 감사합니다. 오늘 나눈 이야기가 ○○이를 지도하는 데 큰 도움이 될 거예요. 어떤 점들이 궁금하신가요?"

대부분의 담임 교사는 인사를 건네며 부모님에게 상담 주제를 질문합니다. 이 시간은 교사의 이야기가 아닌, 학생의 이야기도 아닌, 부모님의 이야기가 중심이 되어야 하기 때문입니다. 바통을 받은 부모님들은 여러 이야기들을 꺼내지만 많은 분들이 이렇게 대답합니다.

"우리 아이, 학교생활은 잘하나요?"

사실 학교생활은 정말 포괄적인 주제입니다. 학업능력부터 시작하여 교우관계, 진로, 1인1역 활동 정도, 언어습관, 청소습관, 위생관리, 숙제관리, 전반적인 생활모습 등 학교생활에 해당하는 부분이 넓기 때문이지요. 가끔은 이렇게나 많은 이야기보따리 중에 어떤 것이 제일 궁금한지 짚어 주면 좋겠다는 생각을 할 때도 있습니다.

"○○이는 학업에 충실하고 책임감이 있는데다 친구를 배려할 줄 아는 예쁜 아이입니다. 자신이 맡은 청소구역을 확실하게 관리하고 부족함이 있을 땐 친구나 담임 교사에게 도움을 요청할 줄도 아는 어른스러운 모습을 보이지요."

이처럼 담임 교사는 아이의 장점과 그와 관련된 칭찬을 먼저 언급합니다. 칭찬 릴레이가 이어지면 부모님들은 매우 기뻐합니다. 그런 다음 아쉬운 점을 단 한 가지 정도 아주 조심스레 언급할 준비를 합니다. 교사는 가르치는 입장으로서 좋은 점만 볼 수 없기에 아쉬운 소리도 해야 합니다. 무엇을 이야기할지 심사숙고한 끝에 학생이 가진 여러 단점들 중 가장 치명적인 한 가지를 꺼냅니다.

"우리 ○○이는요, 정말 다 좋은데 ×××이 조금 아쉬워요. 그 부분만 개선되면 부모님은 걱정할 게 없으실 것 같습니다~"

그러면 부모님들은 앞으로 어떻게 지도하면 좋을지 물어봅니다. 아이의 단점을 언급하는 것이기 때문에 기분이 상할 수도 있는데 아이의 교육을 위함이라 생각하고 적극적으로 받아들입니다. 담임 교사로서 참 감사할 따름이지요. 하지만 많은 부모님들은 이 한 가지가 여러 가지 중 한 가지일 뿐이라는 점은 잘 모릅니다. 저 역시 아이의 교육을 위해 이것저것 하고 싶은 말이 많을 때도 있었지만 어느 정도는 감추고 말하지 않은 경우도 종종 있었습니다.

아이들에게 정말 필요하지만 정말 부족했던 것들, 솔직하게 털어놓고 싶었지만 하지 못했던 말들을 이번 파트에서 이야기해 보려 합니다. 학교생활을 포함한 아이들의 생활지도는 어떻게 하면 좋을지에 대해서도 말이지요.

영균쌤의 코칭 포인트

라이프 스킬을 아시나요?

학교생활은 인간 발달 교육 측면에서 무척이나 중요합니다. 과거 WHO에서는 인간이 건강하고 행복한 삶을 살기 위해 길러야 할 것들을 '라이프 스킬'이라고 명명하여 강조한 적이 있습니다. 이 라이프 스킬은 현재 더 넓은 의미에서 진로교육까지 연결되어 해석되기도 하지요.

라이프 스킬의 네 가지는 '목표 설정', '의사결정능력', '스트레스 관리', '커뮤니케이션'입니다. 네 가지 능력을 기르면 인간이 문제를 예방하고, 적절하게 해결하며 삶의 만족도를 높일 수 있다는 개념입니다.

어려운 말을 다 제쳐놓고, 단순하게 바라봅시다. 아이들이 행복한 삶을 살기 위해서는 네 가지 라이프 스킬이 필요하구나! 이러한 스킬 내용들은 생활과 연관이 깊겠구나! 학교는 라이프 스킬을 기를 수 있는 좋은 배움터이며, 학교생활은 진로교육과도 연관이 깊겠구나! 정도로 생각해주시면 됩니다.

학교생활, 가정생활을 통해 라이프 스킬을 길러낼 수 있도록 지도해주세요.

학교생활은 왜 중요할까요?

교육법에 따라 초등학생들은 매년 190일 가량의 수업에 참여해야 합니다. 조금 더 구체적으로 시간을 따져서 자는 것을 제외하고 생활하는 시간을 대략 12시간으로 보면, 그중 절반 가까운 시간을 학교에서 보내게 됩니다. 따라서 아이들은 1년 중 약 25%의 시간 동안은 무조건 학교에 있다는 것입니다. 이 시간 동안은 오로지 학교에서만 생활하기 때문에 부모님이 직접 들여다보지 못하고, 선생님도 한 명의 학생 옆에 딱 붙어 살필 수 없습니다. 결국 학교 안에서 학생 스스로 책임지고 자신을 돌보는 시간인 셈입니다.

아이들은 초등학생 시기부터 진로에 대해 알아보고 고민하며 탐색하는 활동을 시작합니다. '창의적 체험활동'이라는 과목 속에 '진로활동'을 넣은 것도 이와 관계가 있지요. 초등학교를 졸업하고 중학교, 고등학교를 거쳐 대학교에 입학하면서 과를 정하거나 바로 취업을 하게 되는 경우를 생각해 보면 대부분의 아이들은 고등학교 또는 대학 진학의 기로에서 자신의 진로를 결정하게 될 가능성이 아주 높습니다. 결국 초 · 중 · 고등학교 때가 진로를 정하는 가장 중요한 시기라고 할 수 있습니다.

이렇듯 진로설계와 선택에서 학창시절은 매우 중요한데, 아이들은 학교에서 한 해의 25%에 달하는 시간을 보냅니다. 생각보다 적은 시간이라고 생각할 수도 있지만, 과연 그럴까요? 우리가 가진 모든 것의 1/4을 내려놓는다고 상상해 보세요. 25%는 결코 적은 양이 아닙니다. 이는 아이들에게도 마찬가지입니다. 다만 아이들은 그렇게 학교에서 보내는 시간을 무의미하다거나 귀찮다고 여기며 시간의 소중함을 모를 수는 있습니다.

다시 강조하자면 학교를 다니는 아이들은 진로설계와 선택에 있어서 매우 중요한 시기에 위치해 있고, 학교생활로 그 중요한 시간의 25%를 소모한다는 것입니다. 따라서 아이들의 성공적인 진로설계와 토대 마련을 위해서 이 시기의 학교생활에 충실히 임하고 성장해 나갈 수 있도록 적극 지지해 주어야 합니다. 그러기 위해서는 우선 학교에서 아이들이 어떤 생활을 하고, 어떤 능력이 부족하며, 어떠한 것들을 더 가르치면 좋은지 파악해야 합니다. 이전처럼 단순히 가정에서 '학교 가서 공부 열심히 해!' 또는 '선생님 말씀 잘 들어야 해!' 하며 아이를 지도하는 시대는 이미 지났습니다.

이제 담임 교사로서 아이들을 보며 느낀, '이러한 것들을 잘해 주었으면 좋을 텐데' 또는 '이러한 점만 고쳐주면 더 좋을 텐데'처럼 아쉬웠던 점들에 대해 이야기해 보겠습니다. 이를 바탕으로 우리 아이는 학교생활을 잘하고 있는지, 부족한 점은 없는지 등을 잘 살펴보세요. 그리고 학교에는 어떠한 제도들이 있는지, 어떠한 활동에 참여하면 아이들의 진로교육에 좋은지도 함께 알아보기 바랍니다.

다음에 다루는 내용은 초등학생 수준에서 최대의 효과를 낼 수 있는 진로교육이자 기초를 다지기 위한 것입니다. 직업을 체험시키고 적성을 찾는 것만이 진로교육이 아닙니다. 능력을 잘 펼칠 수 있는 기반과 자질을 마련해 주는 것 또한 진로교육이라는 사실을 꼭 기억해 주세요.

CHAPTER 1

인사를 잘하는 아이는 무엇이 다른가요?

우리 아이는 '예쁜 학생'인가요?

주변 사람들에게 "예쁜 아이들 많아?", "말은 잘 들어?"라는 말을 종종 듣곤 합니다. 보통은 "당연히 아이들은 예쁘지. 가끔은 아닐 때도 있지만!" 하며 웃어넘깁니다. 하지만 "선생님들은 공부 잘하는 아이들을 좋아하지 않아?"라고 묻는 말은 약간의 선입견이 포함된 느낌이라 절대 쉽게 넘어가지 않습니다.

저는 저 말에 절대 '아니!'라고 답하고 싶습니다. 나머지 생활을 제대로 하지 않으면서 선행학습을 통해 성적만 우수한 학생들은 더욱 예쁘지 않습니다. 주입식 교육 또는 학원 공부에 한껏 취해 자신이 또래보다 앞서 있다는 착각에 빠진 아이를 데리고 수업하면 속된 말로 '가르칠 맛'이 안 납니다. 수업 내용은 이미 기계적으로 배워왔기 때문에 아이는 교사에게 집중하지 않고 다른 행동을 하게 되는데, 이것이 쌓이다 보면 교사와 친구들과는 점점 멀어지기 때문이지요. 자신은 답을 알고 있다고 답을 툭툭 말하는 경우까지 있는데, 그렇게 수업을 방해하지만 않는다면 양반입니다.

그렇다면 교사는 어떤 아이를 좋아할까요? 공부를 잘하는 아이도 아니고, 운동을 잘하는 아이도 아니고, 리더십이 좋은 아이도 아닙니다. 바로 '인사'를 잘하는 아이입니다. 물론 리더십이 좋고 운동도 잘하며 공부까지 잘한다면 너무 훌륭한 학생이지요. 하지만 그런 장점을 모두 갖고 있어도 '인사'를 잘하지 않는다는 단점이 있으면 '땡!'입니다. 인사는 너무나도 기본적이고 중요한 것이지만, 우리 아이들은 생각보다 그 기본적인 것들을 하지 못하고 있습니다.

조금 더 구체적인 예를 들어 보면, 아이들은 등교할 때 또는 하교할 때 선생님께 '안녕하세요!', '안녕히 계세요!'라고 인사합니다. 이런 인사는 정말 기본이라서 대부분 잘 지키지요. 여기서 제가 강조하는 인사는 세심한 '감사'의 인사말, '미안함'의 인사말, '배려'의 인사말입니다. 수업을 할 때 활동 중에 수업자료를 나누어 주는 경우가 많습니다. 제가 "각 모둠의 나눔이들은 나와서 자료를 받아가세요~"라고 말하면 아이들은 나와서 두 손으로 자료를 받고 그냥 자리로 돌아갑니다. 어떨 때는 그 누구도 "감사합니다!" 또는 '꾸벅' 하나 하지 않습니다. 평소에 그렇게 인사가 중요하다고 교육하는데도 실천에 옮기지 않는 모습을 보게 되면 고민이 늘어납니다. '오늘(지금) 인사교육을 시켜야 하나, 말아야 하나?' 하고 뫼비우스의 띠를 돌 듯이 수없이 생각합니다.

저는 아이들에게 틈이 날 때마다 인사의 중요성을 강조합니다. 하지만 한두 명을 제외한 아이들은 한 번 하고 잊어버립니다. 자료를 나누어줄 때마다 '어른에게 물건을 받을 때에는 양손으로 받고 감사를 표하는 거예요. 가벼운 목례도 좋습니다'라고 말하기는 참 어렵고 껄끄럽습니다. 그래서인지 "감사합니다" 하고 인사하는 아이는 기억에 콕 박힐 만큼 너무나 예뻐 보입니다.

'인사성'이란 단순히 인사를 얼마나 잘하는가를 의미하는 것이 아닙니다. 매사에 감사함을 표현하고, 필요할 때는 사과와 유감을 표하며, 자신의 주변을 보살피는 행동입니다. '인사와 진로가 도대체 무슨 관계야?'라고 생각하지 마세요. 인사는 민주시민으로서 기본 자질이고, 기본 자질은 한 사람의 인생에 큰 영향을 줍니다. 인사가 누군가에겐 꿈을 이루는 데 윤활제가 되기도 하고, 누군가에게는 걸림돌이 될 수도 있다는 것입니다.

아이에게 예의를 갖춰 주세요

인사는 '예의'입니다. 예의의 사전적 정의를 보면 '존경의 뜻을 표하기 위하여 예로써 나타내는 말투나 몸가짐'이라고 합니다. 현대에 들어서 예의는 '존경'보다는 '존중'의 의미로 많이 사용됩니다. 하지만 사실 어느 쪽이든 중요하지 않습니다. 상대를 생각하고 배려하는 마음가짐을 가지고 있다는 자체가 의미 있는 일이기 때문입니다.

이렇듯 예의는 상대에게 존경을 표하는 것인데, 어른이 아이에게 존경한다고 표현하지는 않지요. '존경'에 중점을 두고 생각하면 어른이 아이에게 갖추어야 하는 것을 '예의'라고 부르기엔 생소한 느낌이 듭니다. 그런데 '존중'에 중점을 두면 어른도 아이에게 '예의'를 갖춰야 한다는 생각이 듭니다. 한 글자 차이인데 느낌이 이렇게 다를 수 있습니다. 어느 쪽으로 해석하든 어른도 아이에게 예의를 갖추어야 하는 것에는 변함이 없습니다.

저는 학생에게 예의를 갖추려고 많이 노력합니다. 학생들의 질문에는 최대한 존댓말로 답하고, 다수에게 이야기할 때는 더욱 신경 써서 말합니다. 학생을 한 명의 성인으로 대하고 때로는 나와 같은 친구로 여기며 친밀한 관계를 형성하기도 합니다. 아이들이 먼저 나서서 저를 도와주면 꼭 고맙다고 이야기하고, 반대로 학생에게 부탁할 때도 양해를 구하며 사과와 감사의 말을 전합니다. 대등한 입장에서 존중하고 예의를 갖추려고 노력하는 거지요. 아이들을 지도하는 교사로서, 아이들에게 잔소리(?)를 하는 입장으로서 나의 부족한 모습은 지우고 당당함을 갖추기 위해서랄까요? 또 제가 존중한 만큼 아이들도 서로를 배려하고 위하려는 모습을 보이면 교사로서 더 노력해야겠다는 생각을 합니다.

이러한 상황을 좀 더 깊숙이 들여다보면, 심리학자 반두라가 주장한 모방이론(모델링이론)과 관련되어 있습니다. 이 이론에 따르면 아이들은 도덕적으로 모범이 되는 모델을 보며 지속적 · 반복적으로 따라 하게 됩니다. 그리고 자신을 그 모습과 똑같이 만들어 나가는 것이 교육의 목표이자 방법이라고 합니다. 제가 의도하는 것이 바로 이것입니다. 이 책을 보고 있는 여러분은 아이에게 올바른 모델이 되어 줄 수 있나요? '콩 심은 데 콩 나고, 팥 심은 데 팥 난다'라는 말이 괜히 있는 것이 아닌 것 같습니다. '윗물이 맑아야 아랫물도 맑다', '가시나무에 가시 난다' 등의 말은 그 뜻을 다시 한번 곱씹어 보고 반성할 필요가 있습니다.

부모는 가정에서 자녀에게 올바른 모델이 되어야 합니다. 제일 좋은 방법은 자녀에게 존대하고 예의를 갖추는 것입니다. 여러 이유로 자녀에게 예의를 갖추기 어렵다면 주변 사람들에게라도 지나칠 정도로 예의를 차려 보세요. 그리고 그 모습을 꼭 자녀에게 보여 주세요. 은행에서, 식당에서, 마트에서, 주차장에서 항상 감사인사를 먼저 건네 보세요. 특히 아이들은 소비자의 권리를 착각하는 경우가 종종 있습니다. '내가 돈을 쓰는데 왜 굽실거려야 해?'라고 크나큰 잘못된 생각을 갖는 일이 많지요. 이 아이들이 왜 이렇게 생각하고 행동하게 되었을까요? 소비자의 입장일 때 우리 어른들이 더욱 감사함을 표현하는 모습을 보여 줘야 할 것 같습니다.

예의 바른 아이,
어떻게 키워야 할까요?

어떻게 하면 아이에게 인사의 중요성을 알려주고 예의 바른 생활 습관을 길러줄 수 있을까요? 어떻게 하면 학교와 협력하여 가정교육을 할 수 있을까요? 다음의 방법은 자녀가 저학년인 경우 더욱 효과가 있습니다. 인사 습관을 들여 주는 교육 외에 다른 교육에도 활용할 수 있기 때문에 주제를 바꾸어 적용해 봐도 좋습니다.

1. 학기 초 3월, 딱 한 달 동안 선생님에게 인사 잘하기 미션을 주세요.

3월 한 달은 가정에서도 학업보다는 생활지도에 초점을 맞춰 주세요. 이때는 교사와 학생이 처음 만나서 서로를 파악하고 맞춰가는 첫 단추를 채우는 시기입니다.

이 시기에 담임 교사에게 예의 바른 학생으로 인정받게 되면 아이 또한 그 이미지를 유지하려고 1년 동안 신경을 쓴답니다. 그 과정이 학기 초부터 1년 동안 반복되면 몸에 익어 예의 바른 어린이가 되고, 교사에게는 '예쁜 아이'로 기억될 것입니다. 학기 초 학부모총회, 학부모상담주간을 활용하여 선생님과 만나게 되면 너에 대한 이야기를 나눌 것이라고 아이에게 말해 주세요. 학업보다 생활이 중요함을 알려주는 것이 중요합니다.

2. 자녀를 적극적으로 칭찬해 주세요.

학교에 다녀온 자녀에게 오늘은 어떤 인사를 했는지 구체적으로 물어보세요. 자녀가 한 말에 적극적으로 공감하고 진심을 다해 칭찬해 주세요.

"우리 ○○이가 선생님의 말에 예쁘게 대답하려고 노력해서 선생님이 너무 기쁘시겠다!"

"다른 친구들이 자기 할 말만 하는데 우리 ○○이는 친구에게 양보하고 기다렸다가 인사하려고 했구나! 너무 기특하다!"

이렇게 과정을 중심으로 칭찬합니다. 실제로 교사와 연락이 닿지 않았더라도 이야기를 전해 들었다는 식의 사소한 거짓말을 해도 괜찮습니다.

3. 학기 초 상담주간에는 꼭 상담을 신청하세요.

학부모상담은 교사의 이야기를 듣는 것도 중요하지만 부모가 이야기를 많이 할수록 교육에는 도움이 됩니다. 담임 교사와 상담을 시작하면서 가정에서 아이의 인사성을 길러 주기 위해 힘쓰고 있다는 점을 설명하여 앞의 미션에 대해 이야기해 보세요. 그리고 아이가 세심하게 인사하며 예의를 차릴 때 적극적으로 칭찬해 달라고 부탁하는 겁니다. 이 약속 하나로 아이는 엄마와 선생님이 깊은(?) 관계를 맺고 있다고 생각하게 되어 1년 동안 학교와 가정의 협력교육 효과가 대폭 상승하게 됩니다.

대부분의 학교가 3월, 늦어도 4월까지는 학부모총회와 공개수업, 학부모상담주간을 운영합니다. 부모님이 학교에 자주 찾아오는 것을 꺼리고 이를 '치맛바람'이라고 운운하던 시대는 지났습니다. 학부모회 및 학부모단체가 활성화되어 있고 김영란법으로 섣불리 서로를 의심하지 않게 되었지요. 주위 시선을 신경 쓰지 말고 꼭 상담을 신청하여 되도록 방문상담을 하세요. 괜히 눈치 보며 '나만 하는 거 아니야?'라고 생각하다가 '나만' 안 하게 될 수 있습니다.

다시 한 번 강조하지만 여기서 인사는 단순한 인사가 아닙니다. 상대를 존중하는 마음을 담아 '예의'를 갖추어 배려하는 말을 건네는 것까지 그 범주를 넓혀서 생각해 주세요. 친구나 선생님의 단순한 행동 하나에도 '고마워', '미안해', '이해해 주셔서 감사합니다'라고 나의 감정을 전하는 것, 그것이 진정한 인사입니다.

이 사소한 습관은 자녀가 성장해 나가는 과정에서 교우관계, 사제관계에 필요한 협동심과 신뢰감을 길러 줄 것입니다. 이를 바탕으로 자녀는 스스로를 신뢰하고 자신감과 자존감을 얻습니다. 이는 곧 아이를 능동적이고 자기주도적인 사람으로 성장하게 하여 '성공'의 길로 이끕니다. 이러한 선순환을 몇 번 반복적으로 경험하면 여러분의 자녀도 머지않아 그 힘을 깨닫게 됩니다. 이 힘은 인간관계를 다지고 자신의 꿈을 펼치는 자양분이 될 것이며 아이는 그 튼튼한 기반 위에 우뚝 서게 될 것입니다.

단순하지만 단순하지 않은 인사 한마디가 아이의 진로를 결정합니다.

안전한 학교생활을 위한 인사습관

저는 안전교육을 위해 유튜브와 인스타그램을 운영하고 있습니다. 특히 유튜브 채널 '안전한 영양균 선생님'을 진로교육방법을 공유하거나 상담을 진행하는 창구로 활용하고 있지요.

주로 진로에 대한 상담이 많은데, 학교폭력과 관련한 상담도 종종 들어옵니다. 친구관계 때문에 너무 힘들다는 학생, 자녀가 학교폭력을 당하고 있는데 학교에 어떻게 도움을 요청하면 좋을지 고민하는 어머니, 아직 자녀를 초등학교에 보내지는 않았지만 벌써부터 학교생활의 안전이 우려된다는 부모님 등 다양한 분들의 이야기가 들려옵니다.

많은 분들이 학교폭력과 아이의 안전한 학교생활에 대해 걱정합니다. 이러한 고민을 해결하기 위해서 학교에서 학교폭력에 대한 교육을 어떻게 하는지, 사건이 발생했을 때 어떻게 처리되는지, 어떻게 예방하면 좋은지에 대해 이야기해 보겠습니다.

학교에서는 정말 다양한 사고들이 발생합니다. 그중 '학교폭력'에 대한 사고는 자녀, 부모, 학교, 심지어 교육청까지 신경을 곤두세우는 부분이지요.

교육부에서도 이에 대한 방안을 마련하고자 교육과정에 관련 내용을 추가하고 예방을 위한 각종 시설을 설치하거나 대응 조직을 마련했습니다. 안전교육을 법적으로 연간 51시간 이상 이수하게 하고 '신변안전' 영역을 구성하여 학교폭력 예방교육을 포함시킨 것입니다. 따라서 전국의 모든 학교에서는 부르는 명칭은 조금씩 다르지만 다각도로 학교폭력 예방교육을 실시하고 있습니다.

학교폭력이 발생하면 학교 내에 학교폭력대책자치위원회(이하 학폭위)가 열리는데, 이 학폭위는 학교에서 학교폭력 문제를 심의 · 처리하고, 피해자를 지원하기 위한 조직입니다. 조심스럽고 난처한 업무이기에 교사들 사이에서도 학폭 업무는 기피 1순위 업무이기도 합니다. 이에 대한 대책으로 도교육청에서는 2020년부터 학폭위를 학교가 아닌 교육지원청 단위로 마련하고, 조직을 전문화하기 위해 지역위원들과 법조인을 포함시켜 적극적으로 대응하기로 했습니다. 이렇듯 학교와 교육청에서는 학교의 안전을 위해 노력하고 있습니다.

초등학교의 학교폭력 사태는 중 · 고등학교와는 다른 방식으로 흘러갑니다. 우선 초등 수준의 학교폭력은 아이들 사이의 사소한 장난이나 다툼으로 시작되는 경우가 많습니다. 이 관계가 지속적으로 유지되거나 또는 일대다 구도로 변화하는 순간, 다툼은 학교폭력 사안으로 확대됩니다. 그리고 아이들 사이의 틀어진 감정이 부모에게 옮

겨가고, 부모들 간에 감정이 상하면서 걷잡을 수 없는 소송까지 이어지기도 합니다.

아이러니하게도 부모가 법적 책임을 논하며 싸우고 있을 때 아이들끼리는 화해하고 잘 노는 경우도 허다합니다. 아이들은 아직 어려서 쉽게 화해할 수 있기 때문이지요.

이러한 상황의 원인을 되짚어 보면 초등학생의 학교폭력 사건은 대부분 단순하기 때문인 것 같습니다. 감정이 격한 상태에서는 실수하기 마련이고, 시간이 지나고 보니 충분히 사과할 법한 일이라서 서로 사과하고 훌훌 털어버리는 것이지요. 물론 사건의 정도에 따라 다르지만 말입니다. 그래도 대부분의 사건은 이렇게 쉽게 해결 가능한데, 아이들 사이에서 왜 해결되지 못했을까요? 사전에 예방할 수 있는 방법은 없었을까요?

사건 당시 양쪽이 서로 솔직하게 자신의 잘못을 인정하고 사과의 말 한마디를 할 수 있다면 초등학교의 학교폭력 사건은 어느 정도 종결될 수 있다고 생각합니다. 사과의 말 한마디, 다시 말해 '인사' 한마디가 부족한 것입니다. 앞에서 언급했듯이 인사는 단순히 "안녕하세요!"에서 끝나는 것이 아닙니다. 생활에서 사소한 일에도 "고맙습니다"라고 감사를 표현하고, "미안합니다"라고 사과를 전하며, 상대를 존중한다고 표현하는 것이 바로 인사입니다.

학교폭력을 예방하고 해결하는 과정에서도 제일 중요한 것은 '인사'입니다. 따뜻한 말 한마디가 얽히고설킨 문제를 해결하듯 인사가 만능열쇠가 될 수 있습니다.

학교에서 인사 잘하는 아이는 친구들과 싸우지 않습니다. 물론 사소한 다툼은 있을 수 있지만, 이를 해결하는 과정에서 확연한 차이를 보입니다. 평소에 인사를 잘하는 아이는 친구들에게 인정받고 존중받으며 신뢰감이 높습니다. 그래서 어쩌다 실수해도 친구들이 너그럽게 받아주고 이해해 줍니다. 애초에 어떤 실수를 하거나 오해받을 만한 행동을 해도 다른 친구들이 그 학생을 믿고 지지해 줍니다. 잘못한 일이면 사과할 테니까, 또 좋은 일에는 예쁜 말을 해 주는 친구니까, 어느 쪽이든 믿고 지지해 주는 겁니다. 마치 우리 어른들이 사회성이 좋고 대인관계가 원만한 친구가 한 실수는 비교적 쉽게 넘길 수 있는 것처럼 말이지요. 아이들의 세계도 어른들의 사회생활과 똑같습니다.

학교에서는 교직원을 대상으로 학교폭력 예방교육, 대처교육 등의 연수를 실시하는데 이 과정에서 근무하는 학교 외에 타 학교에서 발생한 다양한 사례를 접하게 됩니다. 실제 학폭위가 열린 사례들을 확인해 보면 공통적인 부분을 찾을 수 있습니다. 아이들끼리 서로 사과의 인사가 부족했던 것, 부모님끼리 연락하는 과정에서 서로 존중과 위로의 말을 전하지 않았다는 것, 그 두 가지로 사건이 더욱 확대되었다는 것이지요. 학교폭력이 발생하면 피해자의 부모님은 물론 가해자의 부모님도 무척이나 속상해합니다. 하지만 사건의 해결을 위해서는 서로의 입장을 인정하고 상대를 존중하며 사과의 인사, 존중의 말 한마디를 중요하게 생각해야 합니다.

학교폭력은 절대 일어나서는 안 되는 일입니다. 우리 아이들이 다니는 학교는 그 어느 곳보다 안전해야 합니다. 안전한 학교를 만들기 위해서는 아이뿐만 아니라 부모님, 그리고 선생님과 학교 등의 교육공동체 모두가 힘을 모아야 합니다. 이러한 문화를 만드는 데 가장 필요한 것이 바로 '인사교육' 아닐까요? 학교폭력과 안전문제를 걱정하는 만큼 어른인 우리가 나서서 모범을 보이고 문화를 만들어야 할 것입니다.

영균쌤의 코칭 포인트

안전한 학교생활의 중요성

안전한 학교생활이 진로교육과 관련이 없다고 생각하시면 안 됩니다! 사실 무엇보다 중요한 요소에요. 앞서 팁으로 말씀 드린 내용 중 '라이프 스킬'에 대한 내용을 기억하시나요? 인간의 행복한 삶을 위해 WHO에서 언급한 네 가지 능력말이에요. 목표 설정, 의사결정, 스트레스 관리, 커뮤니케이션의 네 가지 능력은 학생이 안전한 학교생활을 하게 해주는데 결정적인 역할을 합니다.

다시 말해 안전한 학교생활을 하기 위해 노력하다보면 라이프 스킬이 신장되고, 이러한 능력은 진로역량에도 긍정적인 영향을 미치게 된답니다.

CHAPTER 2

자치 활동이 무엇인가요?

새로운 교육 트렌드, '자치(自治)'

교육 주제나 교육방식에도 반짝 떠오르는 유행과 트렌드가 있습니다. 얼마 전까지는 한창 융합교육이라고 하여 스팀(STEAM)교육에 대한 열풍이 불었지요. 여기저기에서 스팀교육을 외쳤고 교육대학원에 전공까지 생길 정도였습니다. 하지만 요즘은 트렌드의 변화가 너무 빠른 탓인지, 교육 트렌드 또한 비슷한 모양새를 보이는 것 같습니다. 한때 유행했던 벌집 아이스크림이나 대만 카스텔라 같다고나 할까요? 하지만 이 흐름을 읽고 반짝 떠오르는 교육에 힘을 실어 보는 것도 좋을 것 같습니다. 적어도 유행하는 동안에는 수많은 활동기회들과 교육자료, 관련 프로그램들이 쏟아져 나오기 때문이지요.

최근 학교 현장에서 떠오르는 트렌드는 어떠한 것들이 있을까요? 제 머릿속에는 제일 먼저 '자치(自治)'가 떠올랐습니다. '자치'는 학생 자치 활동이라는 형태로 꽤 오래전부터 있었습니다. 제가 어릴 때도 같은 맥락의 교육이 실시되었던 기억이 있어요. 하지만 형태만 갖추고 있을 뿐이었지, 학생이 직접 학교의 중요한 사항을 정하거나 참여하지는 못했습니다. 전교어린이 회장이 되기 위해 '전교생에게 햄버거를 쏘겠습니다!' 또는 '모든 화장실에 텔레비전과 비데를 설치하겠습니다!' 같이 현실성 없는 이야기들만 잔뜩 하곤 했지요. 초등학교에서는 학생들이 미성숙해서인지 아직까지 자치의 진가가 발휘되지 못했던 것이 사실입니다.

하지만 지금은 교육부와 교육청에서 자치를 강조하고자 여러 시스템을 개선하고 프로그램을 만들어 강하게 추진하고 있습니다. 제가 근무하고 있는 교육청에서 보내온 올해의 교육시책을 확인해 보니 이전보다 확실히 자치 관련 내용이 강조되어 있었습니다. 단순히 학생 자치만 강조하는 것이 아니라 교사 자치회까지 만들라는 지침이 내려와서 교직원회의가 열렸고 바로 교직원회가 조직되기도 했습니다. 지역구 교감 회의에 다녀온 교감 선생님도 학교별로 자치를 강조하는 추세이니 학생회 자치와 교직원회 자치 운영을 잘해 달라고 거듭 말씀하시더라고요.

자치가 이렇게 부각되는 것은 요즘 강조하는 학생 중심 교육문화와 관계가 있으며 마을교육공동체와도 연결되어 있기 때문입니다. 예를 들어 학교에서 교육과정을 수립할 때 이전처럼 선생님들이 마음대로 정하거나 운영할 수 없게 했습니다. 학교의 의견만으로 정할 것이 아니라 학생과 부모의 의견도 직접 반영하라는 의무사항이 생긴 것입니다. 그래서 연말에 교육과정 토론회를 열고 학교교육과정에 대해 학생, 부모와 함께 뜨거운 토론을 진행합니다. 아쉬웠던 점이나 내년에 원하는 것들에 대해 이야기하는 자리입니다. 이렇게 학생과 학부모가 교육에 참여하는 활동 또한 '자치'인 것이지요.

여러 상황으로 미루어 볼 때 자치를 활용한 교육은 이 시대에 걸맞은 인재를 키우기에 좋은 교육방식입니다. 그래서 교육청에서 자치를 강조하고, 학교에서 프로그램을 운영하게 되었으며, 이를 통해 하나의 교육 트렌드로 자리 잡아가는 것 같습니다. 이제 여기에 지역사회와 학생, 부모의 니즈만 맞으면 또 하나의 트렌드로 거듭날 수 있을 것입니다. 교육 트렌드라는 것은 교육을 계획하고 운영하는 교육부, 교육청, 학교의 힘만으로는 흘러가지 않기 때문이지요.

'아이가 학교생활을 어떻게 하게 하면 좋을까?'라는 고민을 갖고 있다면 자치 활동을 강조해 보세요. 자치를 통해 자신이 원하는 무언가를 계획하고, 진행하고, 완성하게 해 보세요. 그 과정에서 얻은 경험과 의사소통능력, 자기주도력, 문제해결력은 자녀가 진로를 설계하고 실천하는 데 큰 힘이 될 것입니다.

어떤 자치 활동에 관심을 가져야 하나요?

학교에서 이루어지는 학생 자치 활동은 다양합니다. 학교 단위 활동과 학급 단위 활동으로 모둠 역할, 1인 1역할, 학급 부서 활동, 학급회의 참여, 선거 투표 활동, 그리고 학급 임원과 전교어린이 임원 활동, 학생자율동아리, 학교 복지실 봉사단 활동, 학생 또래 상담가 활동, 학교교육과정 토론회 등 정말 많은 활동이 있지요. 요즘은 무엇이든 학생이 주인이 되고 중심이 되는, 학생이 이끄는 학생 자치로 운영되기 때문입니다. 자치 활동의 사전적 정의를 살펴보면 '학생이 집단으로 자주적인 학교생활을 조직하고 운영하는 과외 활동'을 의미하는데, 사실 학교생활과 관련된 모든 것들은 학생 자치로 연결될 수 있습니다.

이번에 할 이야기는 '자녀의 자치 활동에 관심을 가져주세요!'입니다. 아이의 학교 자치 활동에 어떤 것이 있는지 일일이 파악하기는 어렵다고 생각할 수 있습니다. 학교생활에 대해 세세하게 알고 싶지만 아이에게 하나하나 다 물었다가는 '우리 부모님은 간섭쟁이(?)'라는 핀잔을 들을 수도 있겠지요. 그렇다고 담임 교사에게 전화해서 묻기에는 부담스럽고요. 여기에서는 여러분이 알아두면 좋은 자녀의 학교생활과 자치를 연결하여 정리해 보겠습니다. 학교 또는 학급마다 운영되는 방식은 다르겠지만, 어디에나 자치 활동은 존재한답니다.

1. 학급에서 운영되는 모둠 역할에 관심을 가져주세요.

학급에서는 보통 4명 또는 5명이 모여서 하나의 모둠을 꾸리게 되는데 이 안에서 맡은 역할이 있습니다. 저희 반은 '이끔이', '나눔이', '깔끔이', '기록이'로 나눕니다. 이름이나 역할은 미묘하게 달라도 다른 학교나 학급에서도 각자 맡은 모둠 역할은 분명히 있습니다. 이끔이는 모둠 토의나 모둠 활동을 이끌어 나가는 역할이고, 나눔이는 말 그대로 수업자료나 유인물을 걷고 나누어 주는 역할, 깔끔이는 자리 청소검사 및 양치검사 등 위생관리를 맡는 역할, 기록이는 숙제나 기타 활동에서 미흡한 부분을 체크하고 기록하여 선생님의 교육 활동에 도움이 되는 역할을 합니다. 머리를 쓰기보다 몸을 쓰고 싶어 하는 학생들은 나눔이나 깔끔이를, 그 외의 학생은 기록이를 선호합니다. 대부분 이끔이를 제일 꺼려하는데 모둠 활동에서 아이들의 마찰을 조율하고 활동을 계획하며 이끌어가야 하기 때문이지요.

실질적으로 따져보았을 때 이 모둠 역할이 아이들이 가장 많이 참여할 수 있는 학생 자치 활동입니다. 그만큼 자녀의 자치 활동을 강조할 수 있는 기회이기도 합니다. 이 기회를 잘 활용하여 자녀가 성장할 수 있도록 이끌어 주세요. 저는 다른 역할보다 이끔이를 추천하고 싶습니다. 문제 상황을 많이 마주할수록 그만큼 더 빨리 성장하기 마련입니다. 부모와 교사가 아이의 이끔이 활동에 적극적으로 관심을 가지고 지원해 준다면 아이는 모둠 속에서 의사소통능력과 공감능력을 신장시킬 수 있을 겁니다. 또한 이 과정에서 자기 주도성을 키우게 될 것이고, 스스로의 성장과 삶에도 긍정적인 영향을 가져올 것입니다. 초등학생 자녀에게 모둠 역할이 있는지, 어떻게 참여하고 있는지 물어보세요. 그리고 간단한 보상을 통해서라도 이끔이 역할을 하도록 유도해 보세요.

2. 자녀의 '학급회의'에 관심을 가져보세요.

각 반에서는 학급임원을 선출하는데 이 과정에 적극적으로 참여하도록 격려해 주세요. 학급 회장이나 부회장이 되면 학급회의를 직접 진행할 뿐만 아니라 이후 전교어린이 회의에도 대표로 참여하기 때문에 아이의 자신감 및 자율성 신장에 좋은 영향을 줍니다. 하지만 자녀의 성격이 내향적이거나 나서는 것을 좋아하지 않는다면 강요하지는 마세요. 대신 주기적으로 실시되는 학급회의에서 적극적으로 참여하라고 말해 주세요.

매주 학교에서는 주간학습안내를 배부합니다. 주간학습안내에는 다음 주에 학습하는 내용이 기록되어 있는데, 준비물이나 안내사항 외에 아이가 어떤 내용을 배우고 있는지 살펴보세요. 만약 학급회의가 예정되어 있다면 사전에 자녀와 이야기를 나누어 보고 안건이나 의견을 1가지 이상 내보기로 약속해 보세요. 그리고 학급회의 후 집에 왔을 때는 오늘 어떤 내용으로 회의를 진행했는지, 어떠한 생각을 가지고 어떠한 의견을 냈는지, 오늘 회의에 좋았던 점과 아쉬운 점은 무엇인지 구체적으로 물어보세요. 단순히 "오늘 학교 어땠어?"라고 묻기보다 생각을 하게 만드는 구체적인 질문이 아이의 사고력을 자극합니다. 또한 자신에게 관심을 보이는 부모의 노력이 전해져 그것이 아이의 동기가 되어 학교생활에 도움이 될 것입니다. 단, 이 모든 과정은 아이의 학교생활에 관심을 갖고 이야기를 나누는 것이지, 지시와 잔소리로 똘똘 뭉쳐진 집착을 보여서는 안 된다는 것을 꼭 기억해야 합니다.

학생자율동아리가 무엇인가요?

저는 학생 자치 활동 중에서도 특별히 진로와 가장 밀접한 학생자율동아리와 기타 활동들을 강조하고 싶습니다. 현재 적용되고 있는 2015 개정 교육과정 이전, 옛날 7차 교육과정, 아니 그 이전부터 창의적 체험활동이 있었습니다. 앞에서 설명한 것처럼 흔히 '창체'나 'CA'라고 부르는데 자율, 동아리, 봉사, 진로의 내용으로 세부 활동이 구성되어 있습니다. 이 중 동아리 주제의 교육내용은 일괄적으로 진행되는 학급동아리 활동이 대부분이었습니다. 담임 교사가 가르치고 싶은, 또는 가르치려 하는 주제를 정하고 학급 친구들은 한 가지의 주제를 두고 다 함께 참여하는 방식이었지요.

하지만 이 운영방식은 현 시대가 추구하는 학생이 주도하는 혁신교육, 배움 중심 교육과는 반대되는 것들입니다. 그래서 교육부와 교육청에서 교육과정을 개편하고 새로운 시스템을 도입하여 많이 보완

했습니다. 학교마다 약간의 차이는 있겠지만 현재는 학급회의를 진행하여 아이들이 제시한 의견 중에 지도 가능한 주제로 학급 동아리를 운영하거나 학생 투표로 주제를 선발하고 학년 단위로 동아리를 진행하기도 합니다. 여기에 교과시간을 벗어나 쉬는 시간이나 방과 후에 자체적으로 동아리를 만들어 운영할 수 있도록 '학생자율동아리' 시스템을 마련했습니다.

학생자율동아리는 말 그대로 학생이 중심이 되어 자율적으로 운영되는 동아리입니다. 학생들이 원하는 주제를 아무거나 선택하고 지도교사를 선정하여 협조를 요청합니다. 학교와 교사의 사정에 따라 조율이 필요하지만 학교에서 적극적으로 장려하는 추세입니다. 그렇게 학생자율동아리가 구성되면 지도교사는 학생들과 토의하여 활동 일시, 활동 장소, 활동 내용을 구체적으로 정하고 필요한 물적 자원을 제공합니다. 교육청에서도 많은 예산과 프로그램을 지원하며 학교 자체 예산도 마련되어 있습니다. 학생들은 점심시간에 틈틈이, 또는 학교 수업이 끝난 뒤 수요일마다 40분씩 K-POP 안무를 연습하거나 만화를 그리거나 운동을 하는 등의 활동을 합니다. 자기들이 원하는 활동을 마음이 맞는 친구들과 원하는 방식대로 진행하는 것, 이것이 바로 자율이자 자치가 아닐까요? 학생자율동아리 운영과정에서 학생들은 자신의 흥미와 관심사, 진로와 연관 지어 전략적으로 계획을 수립하고 진행하며 자신의 꿈과 끼를 키울 수 있습니다. 또한 친구와 함께 활동하며 의사소통능력과 대인관계능력도 기르게 됩니다.

그런데 아쉬운 것은 학생들이 적극적으로 나서지 않는다는 점입니다. '판을 깔아주면 잘하는데 직접 찾아서 하진 않는다.' 이 말과 딱 맞아떨어집니다. 학교에서 아무리 교실에 홍보하고 가정통신문을 내보내도 아이들은 막연해하고 스스로 신청하지 않습니다. 그저 '일'이나 하나의 큰 '숙제'로만 보이기 때문일지도 모릅니다. 아이들이 팀을 구성하고 활동을 계획하여 구성하는 것, 필요한 물적 자원을 제공하는 것은 교사들이 얼마든지 도와줄 수 있습니다. 그런데도 아이들은 잘 신청하지 않지요. 그래서 저는 여러분에게 도움을 요청하고 싶습니다. 자녀에게 학생자율동아리를 만들어 보라고 적극 장려하고, 그리 어렵지 않은 신청서 작성을 함께 고민하며, 동아리 활동에 드는 시간을 확보하는 것을 조금만 도와달라고 말입니다. 학생자율동아리는 학생 개개인의 꿈과 끼에 맞춘, 진로교육에 도움이 되는 '장(場)'을 마련하는 데 너무나 좋은 기회입니다.

혹시라도 아이를 통해, 가정통신문을 통해 학생자율동아리를 안내받게 된다면 꼭 자녀와 이야기해 보고 짬을 내서라도 운영해 보게 하세요. 이 또한 우리 아이를 위한 100% 맞춤형 진로교육이고, 설령 운영이 제대로 되지 못하더라도 그 과정에서 분명 배울 점이 있습니다.

학교의 주인은 누구일까요?

2022 개정 교육과정의 가장 큰 목표 중 하나는 국민과 소통하는 교육과정입니다. 우리 모두가 국민으로서 교육과정에 참여하길 바라는 것이지요. 학교교육과정 수립 토론회에서는 다양한 의견을 모으기 위해 학생위원과 학부모위원을 모집합니다. 누구나 참여할 수 있도록 활짝 열려 있으니 여러분도 학부모위원이 되어 보세요. 그리고 이 토론회에 자녀의 손을 잡고 함께 해 보세요. 한두 시간 정도만 내면 회의에서 내 아이가 선생님들, 부모님들, 친구들 앞에서 의견을 제시하는 모습을 볼 수 있습니다. 아이들이 의견을 발표하면 누구든 대견하게 여기고 박수갈채를 아끼지 않습니다. 그 모습을 상상해 보세요. 절로 입꼬리가 올라가지 않나요? 또한 교사나 부모가 뿌듯한 것보다 학생 스스로 느끼는 바가 큽니다. 그 감정은 가슴속에 오랫동안 기억되어 학생의 성장을 자극하는 촉매제가 됩니다.

많은 부모님과 학생들은 학교 운영의 주체를 선생님이라고 생각합니다. 오죽하면 아이들이 '선생님~ 학교는 교장선생님 거예요?'라고 물어볼까요. 하지만 학교는 교직원의 것이 아닙니다. 원래부터 학생의 것이었습니다. 그리고 부모님의 것이었지요. '우리가 낸 세금으로 운영되니까 국민들 것이지 않나요?'라고 하는 분도 있습니다. 이 또한 틀린 말은 아니지만, 정확하게 말하면 학교는 '아이들의 교육'을 위해 존재하는 것입니다. 그러므로 학교의 주체는 학생이 되어야 합니다. 여기에서 '자치'를 강조한 것이 바로 이런 이유 때문입니다. 학생이 주인이기 때문에 학교를 조금 더 적극적으로 활용하고 미래의 발판으로 삼았으면 좋겠습니다. 다양한 기회와 좋은 학습자료들이 준비되어 있는데 활용하지 못하는 것이 아쉽습니다. 마치 예쁜 옷을 사놓고 깜빡하는 바람에 계절이 지나거나 더는 맞지 않아서 못 입게 되는 느낌이랄까요? 아이들이 지금 이 시기에 누릴 수 있는 것들을 최대한 누릴 수 있기를 바랍니다.

아직 미성숙한 아이들은 기회를 분별하지 못합니다. 그리고 그 기회를 스스로 잡지 못하지요. 아이들은 학교와 학원에 갔다 오는 것, 그렇게 하루하루를 흘려보내는 것이 인생이라고 생각합니다. 우리 어른들이 나서서 기회를 손에 쥐어 주어야만 아이들은 움직입니다. 다만, 아이의 끼를 여러분의 일방적인 생각에 따라 조정하려 하기보다 그 끼를 펼칠 수 있는 기회를 만들어주고 채워 주세요. 그리고 그 발판으로 학교를 적극적으로 활용해 주세요. 아이가 스스로 자신의 인생을 채우며 성장할 수 있도록 돕는 것, 그것이 자녀를 위한 길이며 진정한 진로교육입니다.

CHAPTER 3

학교생활을 잘하려면 어떻게 해야 할까요?

발표 잘하는 아이, 어떻게 키워야 하나요?

학교에서는 1년에 한 번씩 학부모 공개수업을 실시합니다. 부모님들을 학교로 초청하여 아이들이 학교에서 어떻게 공부하고, 어떻게 수업에 참여하는지, 선생님과 친구들과는 어떻게 지내는지 보여주기 위해서지요. 많은 부모님이 기대와 걱정을 동시에 품고 일정에 맞춰 학교를 방문합니다.

공개수업 때 담임 교사로서 신경 써야 할 것이 있습니다. 바로 '발표'입니다. 공개수업 때는 활동 준비시간에 도움을 최대한 많이 주고 손을 들어 말할 수 있는 분위기를 만들려고 합니다. 부모님은 아이가 수업시간에 발표하는 모습을 보고 '○○이가 이렇게 열심히 수업에 참여하고 공부하는구나!' 하고 기뻐합니다. 그래서 이왕이면 모든 아이들 또는 최소한 공개수업에 참여한 부모님의 자녀들이 모두 한 번씩은 발표에 참여하게 해서 교사와 호흡하는 모습을 보여주려고 노력합니다.

발표는 단순히 학생들의 의견을 묻고 그에 답하게 하는 것이 아닙니다. 겉으로 보이는 것보다 더욱 많은 의미를 내포하고 있지요. 교사는 질문을 통해서 학생들의 이해 정도를 파악합니다. 그러기 위해 말 한마디도 고심하고 또 고심하지요. 뿐만 아니라 학생들이 수업에 잘 참여하게끔 흥미를 자극하기 위해 질문을 하기도 합니다. 이렇듯 질문과 그에 대한 답변을 주고받으며 수업을 하게 되는데, 수업에 열심히 참여하는 아이들은 그 과정에서 고차적인 사고를 하기 시작합니다. 다른 답변은 없을까, 다른 친구의 생각은 어떨까, 선생님의 의견은 무엇일까 등 더 많은 생각을 하게 되고 수업을 자신이 직접 이끌어 나간다는 성취감을 느끼기도 합니다. 또 앞에서 단순하게 생각했던 것을 또다시 생각해 보는 반성적 사고를 함으로써 메타인지 과정까지 경험하기도 합니다. 발표의 중요성은 몇 번을 강조해도 부족합니다. 발표는 교사를 위해서도, 학생을 위해서도, 수업을 위해서도 무척이나 중요한 요소이기 때문입니다.

하지만 아이들은 발표의 중요성을 인식하지 못하고 학년이 올라갈수록 입을 꾹 닫기 시작합니다. 이렇게 다양한 목적을 가지고 질문을 던지는데 아이들이 아무 말도 하지 않으면 그 어떤 목적도 달성할 수 없습니다. 학생들이 성장하면서 점점 발표에 참여하지 않는 것은 사춘기에 접어들며 또래집단을 의식하기 시작하여 생기는 발표하는 행동에 대한 기피, 자신의 답이 틀릴 수도 있다는 불안감, 오로지 자신이 하고 싶을 때에만 참여하는 자기중심적 생활방식 등이 원인입니다. 저도 아이들을 존중하기 위해 아이들 모두 나름의 생각과 고민이 있어서 발표에 참여하지 않는다고 생각하며 합리화할 때도 있지만, 발표의 중요성을 두고 보면 그런 상황이 안타깝기만 합니다. 아이들은 내가 참여하지 않아도 수업은 진행되니까, 선생님이 콕 집어 시킬 때만 참여해도 되니까, 질문은 귀찮으니까 등등의 이유를 대며 매번 발표를 피해 나가지요. 수업시간에는 조용했던 몇몇 아이들이 쉬는 시간에는 목소리가 왜 그리도 쩌렁쩌렁한지 참 신기할 따름입니다.

지금 여러분들의 자녀는 어떤가요? 학교에서 발표에 열심히 참여한다고 하던가요? 아니면 공개수업에 참관해 보니 나름대로 노력하고 있었나요? 발표는 자신만의 의사표현 방식을 배우고 개발해 나가는 사회활동의 첫걸음입니다. 자신의 꿈을 이루기 위해 더 큰 무대로 나아가야 할 때 자신의 생각을 논리정연하게 말하는 힘은 꼭 필요합니다. 자신이 생각한 바를 다른 사람에게 효율적으로 전달하지 못하면 아쉬운 결과를 낳을 수 있지요. 자녀가 수업시간에 발표를 적극적으로 하지 않는다면 여기에 관심을 가지고 적극적으로 지도해야 합니다.

자녀와 이야기를 나누어 보고 발표에 적극적으로 참여하는지 확인해 보세요. 학교 공개수업 참관일에는 꼭 참여하고 담임 교사에게 물어보는 것이 좋습니다. 우리 아이가 현재 발표에 얼마나 참여하는지를 확인하여 상태를 파악하세요. 만약 아이가 발표에 적극적으로 참여하지 않는다면 자녀와 한 번 더 심층적인 이야기를 나누어 봐야 합니다. '발표에 대해서 어떻게 생각하니?', '수업시간에 선생님이 왜 발표를 시킨다고 생각하니?', '발표할 때 어떠한 점이 어렵니?' 등의 질문을 통해 아이의 생각을 구체적으로 물어보세요. 단, 그 어떤 이야기를 하더라도 아이의 입장에서 생각하고 이해해 주려는 태도를 취해야 합니다. 부모로서 하고 싶은 말이 떠오르더라도 일단 잠시 접어두고 '그랬겠구나', '힘들었겠구나' 등과 같은 공감의 표현을 적극적으로 사용하세요. 그리고 아이가 말하는 그 어려움을 하나씩 극복해 나가도록 지원해 주면 됩니다.

그렇다면 자녀가 발표에 적극적으로 참여하기 위해서는 가정에서 어떤 연습을 해 볼 수 있을까요?

초등학교 수준의 발표는 아이들의 생각을 자유롭게 묻는 질문이 많습니다. 정답이 정해진 질문보다는 무엇이든 정답이 될 수 있는 열린 질문을 주로 제시하지요. 따라서 아이들이 질문을 받고 딱 떠오르는 생각을 정확하게 표현하는 것이 발표의 핵심이 됩니다. 그리고 머릿속의 생각을 어떠한 순서로, 어떻게 말할지 하나씩 정리하고 그것을 입 밖으로 꺼내는 연습을 반복하는 것이 중요합니다. 목소리의 크기, 말하는 속도 그리고 발음 등에 유의하며 하나씩 개선해 나가는 과정을 거쳐야 합니다. 이에 더불어 발표할 때의 자세 또한 듣는 사람에게 신뢰감을 줄 수 있다는 것도 같이 알려주세요. 구체적인 활동 방법은 다음과 같습니다.

1. 발표 활동 준비하기

발표에 대해서 어떻게 생각하는지 아이의 생각을 물어보세요. 그리고 최근 관심사도 무엇인지도 물어보세요. 이 단계에서 나눈 대화는 교육자료로 활용할 수 있습니다.

발표를 좋아하는 아이에게 물을 것

발표를 왜 좋아하는지 / 자신이 생각하는 것을 발표로 말할 경우 어느 정도 의사전달이 된다고 생각하는지 / 자신의 발표에서 우수한 점과 아쉬운 점 / 발표 주제로 삼아보고 싶은 주제

발표를 싫어하는 아이에게 물을 것

발표를 왜 싫어하는지 / 발표를 힘들어하는 이유 또는 원인 / 최근에 가장 흥미 있는 관심사(발표 주제라고 말하면 거부감이 들 수 있으므로 직접 언급을 하지 않는 것이 좋습니다.)

2. 발표 연습하기

자녀가 말해준 자료를 토대로 발표 활동을 준비하고 연습해 보는 단계입니다. 인터넷 기사나 블로그 글 모두 괜찮습니다. 자녀의 관심사에 대한 흥미를 보이는 글을 한 가지 선정해 주세요.

먼저 글을 자신 있게 읽어 보도록 해 주세요. 목소리를 내어 큰 소리로 또박또박 읽습니다. 그리고 목소리 크기, 말의 속도, 발음 등에 유의하며 한 번 더 읽게 해 주세요. 다만 이러한 비언어적 요소들을 너무 강조하면 오히려 발표를 더 싫어하게 될 수 있기 때문에 아이가 받아들이는 정도에 따라 조금씩 천천히 가르쳐야 합니다.

3. 발표해 보기

읽은 글에 대해서 자신의 생각은 어떤지 물어보세요. 어떤 부분이 본인의 생각과 같고, 어떤 부분이 본인의 생각과 다른지 정리할 시간

을 주세요.

자신의 생각을 나름대로 정리하며 말했다면, 그 의견을 3~4줄로 정리할 수 있도록 다시 물어주세요. 예를 들어 "너의 생각을 3문장 정도로 줄여서 이야기해 본다면 어떻게 이야기할 수 있겠니?"와 같이 물어보면 됩니다. 그리고 정리한 문장을 다시 큰 소리로 말할 수 있도록 가르쳐 주세요.

영균쌤의 코칭 포인트

발표 능력 길러주기

처음에는 자연스러운 분위기에서 대화하듯 단계를 반복하고, 능력이 향상되면 '지금 발표하고 있는 거야'라는 분위기를 연출해 주세요. 학급 발표에서 학급 회의 또는 전교어린이 회의 등으로 극적인 상황을 연출하는 것도 좋습니다. 발표는 보통 딱딱한 경어체를 사용하기 때문에 거부감을 갖는 아이도 있습니다. 따라서 초반에는 반말로 쓰게 했다가 점차 존댓말로 바꾸게 하여 거부감을 줄일 수 있습니다. 아이가 관심을 가지고 있는 분야에서 교과 활동, 생활지도, 사회 이슈, 직업 탐구 등으로 발표 주제의 범위를 넓혀 다양한 진로교육을 시도해 보세요.

호기심이 많은 아이를 칭찬해 주세요

저는 매년 아이들을 만나는 첫날에 강조하는 것이 있습니다. '배려', '예의', '안전', 이 세 가지 항목이 우리 반의 목표이자 선생님이 가장 중요하게 생각하는 것이라는 말이지요. 그리고 우리 반이 1년 동안 지향해야 할 점에 대해 이야기합니다. 여기서 저는 강력하게 엄포(?)를 놓습니다.

"모르는 것은 반드시 선생님에게 질문해야 합니다. 그리고 다른 친구가 질문했다고 눈치나 핀잔을 주는 것은 '해서는 안 되는 행동' 1순위입니다."

동시에 배려에 대해서도 언급합니다. 모르는 것을 무작정 바로 묻는 것은 선생님에 대한 배려가 아니므로 스스로 해결할 수 있는 것인지 꼭 한 번 되짚어 보고 질문하게 하는 것입니다.

예전에 우리나라 교육문화와 해외 교육문화의 특성을 비교한 자료를 본 적이 있습니다. 우리나라는 대부분의 수업이 교사의 일방적인 지식 전달 형식이고, 학습자들은 질문을 하지 않는 것이 미덕이라고 표현하더군요. 이제 대한민국의 현대교육은 학생 중심의 수업운영을 추구하고 있지만 아직은 어딘지 모르게 구시대적인 형식이 조금 남아 있는 듯합니다. 아이들은 질문을 꺼리고, 서로에게 눈치를 주기도 하며, 기성세대인 어른들 또한 질문을 하지 않는 것에 대해 개의치 않는 것 같습니다.

몇몇 부모님들은 이렇게 말합니다.

"저희 아이가 호기심이 많아요. 선생님을 귀찮게 할 것 같아서 죄송하네요."

그럴 때마다 저는 질문 많은 아이가 최고이고, 그런 아이들을 가장 좋아한다고 말합니다. 담임 교사의 형식적인 답변이라고 생각할지도 모르겠지만 진심입니다. 저 또한 호기심 대왕이었고, 지금도 무궁무진한 호기심을 가지고 사는 사람이기 때문입니다.

호기심은 곧 지적탐구능력으로 이어질 수 있습니다. 옛날 과학자들이 '왜?'라는 의문을 갖지 않았다면 현재 우리가 누리는 현대기술들이 개발되었을까요? 현상에 대해 의구심을 갖고 탐구해 보려는 의지, 그것이 곧 질문으로 표출되고, 질문에 대한 답을 찾기 위해 행동이 동반됩니다. 아이가 무언가에 물음표를 다는 행위를 적극적으로 지지하고 그 답을 찾아내는 과정을 격려해 주세요.

여기서 말하는 질문은 단순히 호기심을 해소하기 위한 것은 아닙니다. 학교 수업에서 국어 문제가 되었든, 수학 문제가 되었든, 모르는 것이 생기면 질문을 하라고 해야 합니다. 질문을 한다는 것은 아이가 자신의 부족한 부분을 교사에게 알려주고, 교사가 아이에게 필요한 교육을 조금 더 정확하게 할 수 있는 지표가 되기도 합니다. 또한 교육과정을 살펴보면 초등학교 수준의 학습내용은 언제든 충분히 극복이 가능한 난이도를 갖고 있습니다. 중 · 고등학생이 되어 학습 결손이 심해지기 전에 초등학생 때부터 질문을 통해 자신의 부족한 부분을 채울 수 있도록 안전장치를 마련해 줘야 합니다.

아이들에게 꼭 말해 주세요.

"모르는 것은 부끄러운 것이 아니야. 모르는 것을 모른 체 그냥 지나가는 것이 부끄러운 거야!"

영균쌤의 코칭 포인트

제대로 질문하는 방법

모르는 것은 꼭 물어보라고 하면 아이들은 고민도 해 보지 않고 바로 질문합니다. 이러한 방법은 오히려 아이들에게 잘못된 습관을 길러줄 수 있습니다. 'PART 4 어떻게 공부시켜야 할까?'에서도 다루겠지만, 아이들은 스스로 생각하고 사고하는 힘이 필요합니다.

질문하기 전에 꼭 스스로 질문을 점검해 보는 기회를 갖도록 가르쳐 주세요. 내가 묻고자 하는 것은 무엇인지, 내가 모르는 것은 어디까지인지, 도움을 받는다면 어디까지 도움을 받고 싶은지 등에 대해서 생각해 보게 하세요.

'모르겠어요'라는 말로 자신이 해결해야 하는 모든 문제 상황을 무마하려는 아이들이 종종 있습니다. 이러한 경우에는 앞서 언급한 추가 질문들을 통해 집요하게 파고들어 아이들이 올바른 질문 방법을 배울 수 있도록 도와주세요.

하기 싫은 일도 스스로 하는 아이, 어떻게 키워야 하나요?

작년에 제가 근무한 학교에서는 우유급식을 신청받아 절반가량의 반 아이들이 우유를 먹었습니다. 우유를 받기 위해서는 학생 한 명이 매일 우유 냉장고에 다녀와야 합니다. 우유 냉장고와 거리가 멀면 멀수록 귀찮을 텐데 ○○이를 비롯한 몇몇 아이들은 그런 것 같지 않았습니다. 우유를 가지러 기쁘게 다녀오고, 또 친구들에게 기분 좋게 나누어 주더라고요. 반면 몇몇 아이들은 한숨을 푹 쉬며 터덜터덜 다녀오기 일쑤입니다. 그러다 보니 친구들에게 우유를 나눠줄 때에도 종종 실수를 하곤 했지요. 저는 ○○이에게 물었습니다.

"우유 냉장고까지 갔다 오려면 힘들 텐데 ○○이는 우유 당번 일을 해도 즐거워 보이네요. 그 모습을 보니 선생님도 기분이 좋아요. 그런데 당번이 귀찮지는 않나요?"

그러자 아이가 대답했습니다.

"우유를 직접 나눠 줄 수 있잖아요! 친구들에게 선물을 주는 기분이 들어요!"

순간 머리가 멍해지면서 이 아이의 순수함, 그리고 예쁜 마음씨가 너무나도 기특하고 대견했습니다. 다른 누군가는 싫어할 수도 있는 일에 이렇게 긍정적으로 의미를 부여해서 수행하는 것이 이 아이의 능력이라는 생각이 들었습니다. 학기 초부터 눈에 띄었던 아이는 1년 내내 자신의 재능을 적극 발휘하는 모습을 보여 주었습니다. 비록 공부는 잘하지 못하더라도 친구들에게 인기도 많고 교사의 마음까지 사로잡는 그 능력 하나면 이 아이는 사회에 나가서 무엇을 해도 성공하겠다는 생각이 들 정도였으니까요.

생각해 보면 학교에서는 이와 비슷한 일이 참 많습니다. 저도 그랬던 기억이 있는데, 선생님의 심부름은 왜 이렇게 하고 싶었던 걸까요? 저는 선생님이 '다른 반에 서류를 갖다줘야 하는데, 도와줄 사람~!'이라고 하면 귀찮은 일일 수도 있는데 제일 먼저 손을 들어서 그 일을 하고 싶어 했습니다. 지금 생각해 보면 다른 아이들이 못하는 일을 나만 할 수 있고, 다른 반에 당당하게 들어가는 색다른 경험을 할 수 있었기 때문인지도 모릅니다. 그 일에 나만의 의미를 부여한 셈이지요.

아이들은 마음가짐에 따라 성인보다 더 쉽게 행동을 바꿀 수 있습니다. 귀찮은 우유 당번이나 선생님의 심부름도 자신에게 어떠한 의미가 있다고 생각되면 하기 싫었던 일이 너무 하고 싶은 일이 됩니다. 이러한 마음의 변화는 아이들에게 무척이나 중요합니다. 하기 싫은 일을 해야만 할 때 하기 싫다고 표현하고 미루기보다는 긍정적인 의미를 부여하고 그 일을 해낼 수 있도록 하는 습관을 길러야 합니다. 어른들은 언제까지나 원하는 것만 하며 살 수 없다는 사실을 알기 때문에 싫어도 꾹 참을 수 있지만 아이들은 아직 그러한 능력이 부족합니다. 하고 싶은 것과 해야 하는 것 사이의 괴리에서 아이들은 학교생활에 권태감을 느끼거나 불성실한 학교생활을 하는 경우가 생깁니다. 이러한 부정적인 요소들은 결국 아이들의 성장과 미래, 진로에도 영향을 끼치게 됩니다.

아이들이 학교에서 하기 싫어하는 것들에는 어떤 일들이 있을까요? 아이들은 학교 수업, 발표, 짝꿍 활동, 모둠 활동, 1인 1역 등 웬만한 교육 활동은 하기 싫다고 생각하기 쉽습니다. 이러한 활동들에 대해서 아이들이 의미를 부여할 수 있도록 가르쳐 주세요. 아이들은 생각이 단순해서 지금 이 순간, 내 몸을 움직이기 싫고, 깊게 생각하고 싶지 않을 뿐입니다. 반면 교사나 부모님의 몇 마디에 또 순식간에 휙 바뀌어서 냉큼 '내가 할게요! 해 볼게요!'라고 외치기도 하는 존재입니다. 따라서 아이의 학교생활에 대해서 여러 이야기들을 나누고, 하기 싫어하는 일들에 대해서는 의미 부여를 해서 동기를 자극시켜 주세요. 그리고 자신이 하는 모든 일에 의미를 부여하도록 습관을 들여 주세요.

저는 어렸을 때부터 일본 만화나 애니메이션을 무척이나 좋아했습니다. 스마트기기가 대중화되지 않았던 시기라 TV와 컴퓨터로 애니메이션을 보겠다고 누나들과 싸우기도 하고, 어느 정도 나이를 먹고 나서는 당시 최신 MP3에 애니메이션을 넣고 하루 종일 붙잡고 있는 바람에 부모님의 걱정을 사기도 했습니다. 그 와중에 저 역시 알게 모르게 심적 부담감과 불편함을 느꼈는지 스스로를 합리화하기 위해 의미 부여를 했습니다. '나는 일본어를 공부하기 위해서 애니메이션을 보는 거야!', '나는 일본 문화도 함께 공부하고 있어', '나중에 내가 어떠한 일을 할 때 일본과 관련한 공부를 하거나 사업을 진행할 수도 있을 거야' 등과 같이 말이지요.

그렇게 의미를 부여한 것들을 가족들에게 말해서인지, 스스로 책임감을 느껴서인지, 말뿐만 아니라 실제 행동으로도 옮겼습니다. 단순히 애니메이션을 보는 것이 아니라 '이러한 말을 일본에서는 이렇게 표현하는구나!', '이러한 문화가 우리와 비슷하구나!', '이러한 것은 우리나라와 다르구나!' 등등 여러 학습적인 요소들을 깨닫게 되었지요. 이는 나중에 제게 일본어 능력이라는 큰 선물을 주었고, 일본에 있는 교육대학원으로 유학을 갈 수 있는 기회까지 마련해 주었습니다.

모든 일에는 의미가 있습니다. 다만 우리가 그 의미를 바로 알아보지 못할 뿐입니다. 성인들도 쉽지 않은 일인데 아이들은 오죽할까요? 다만 아이들은 아직 성장하는 단계이고 가치관이나 생각하는 방식이 고정되어 있지 않기 때문에 의미를 부여하는 습관을 들이기에 더욱 좋은 시기입니다. 학교생활을 하면서 아이 자신에게 좋은 일도, 아쉬운 일도, 힘든 일도 모두 나름의 의미를 찾아보게 하세요. 그리고 그 안에서 자신이 성장할 방향을 찾아보는 것입니다. 이 과정은 아이들의 인성뿐만 아니라 진로설계에 있어서도 분명 큰 힘이 됩니다.

 영균쌤의 코칭 포인트

의미 부여를 위한 말

의미 부여를 습관화하기 위해서 아이들과 이야기를 나누다 보면, 어떤 식으로 의미 부여를 할지에 대해서 막막할 수 있습니다. 어떠한 말들로 어떻게 의미 부여를 해 주면 좋을지 예를 들어보겠습니다.

- (무언가 일을 해야 하는데) 어떠한 점이 싫었니? / 왜 마음에 들지 않았니?
- 그 일을 해야 하는 이유가 무엇이라고 생각하니?
- 그 일이 너에게 얼마나 중요하다고 생각하니?
  10점 만점에 몇 점이라고 생각하니?
- (하기 싫은) 이 일을 하게 되면 너에게 어떠한 좋은 점이 있을까?
- 너뿐만 아니라 우리(가족, 부모, 친구 등)에게 ~한 좋은 점도 있다는 것을 알려주고 싶어.
- (하기 싫은) 이 일을 하면 이렇게나 좋은데 앞으로 어떻게 극복해 보면 좋을까?

여기서 무엇보다 중요한 것은 대화를 부모가 아닌 자녀가 직접 이끌어나가야 한다는 것입니다. 부모는 가이드로서 힌트만 주어야지, 구체적인 방법을 언급해서는 안 됩니다. 아이들은 본인이 제시한 의견일수록 조금이라도 더 잘 지키려고 노력하는 경향이 있기 때문입니다.

PART 4

어떻게 공부시켜야 할까?

CHAPTER 1

전략적으로 공부하는 아이

공부 잘하는 아이들이 운동도 잘해요!

진로교육을 위한 요소들은 학생들의 공부와도 관련이 깊습니다. 가치 중심의 긍정적 자기이해는 결국 자신의 부족한 부분을 깨닫고, 동기를 가지고 새로운 도전을 할 수 있게 도와주기 때문이지요. 부모님들이 가장 궁금해하시는 공부 잘하는 방법! 에 대해 말씀드리려고 해요. 다만 그 전에 자신을 성찰하고 가치와 의미를 부여하는 것은 학업에도 큰 영향을 준다는 점을 미리 말씀드리고 싶습니다.

단순하게 '공부를 잘하기 위한 방법은 무엇일까요?'라고 묻는다면 참 막막합니다. 여기에 '아이의 진로를 위한 공부는 무엇이라고 생각하나요?'라고 꼬리 질문을 달면 더 어려운 질문이 돼 버리지요. 공부를 잘하는 것에 대해 많은 분들은 '국, 영, 수, 사, 과에서 좋은 성적을 받는 것'이라고 답할 것 같습니다. 또는 '우수한 수능 성적으로 좋은 대학에 가는 것'이라고 생각할 수도 있지요. 이 두 가지 답변은 완전히 틀린 말은 아니지만 4차 산업혁명 시대에는 다소 걸맞지 않습니다. '행복은 성적순이 아니잖아요!'라는 진부한 말처럼 높은 성적을 받고 좋은 대학에 입학하는 것은 이제 진부한 기준이 돼 버렸기 때문입니다.

이번 주제와 관련하여 몇 장의 사진을 준비했습니다. 제가 중학생 시절부터 임용고시를 준비하던 때까지 활용했던 플래너인데, 공부와 관련된 이야기를 나누어 보고자 조금 부끄럽지만 살짝 공개합니다.

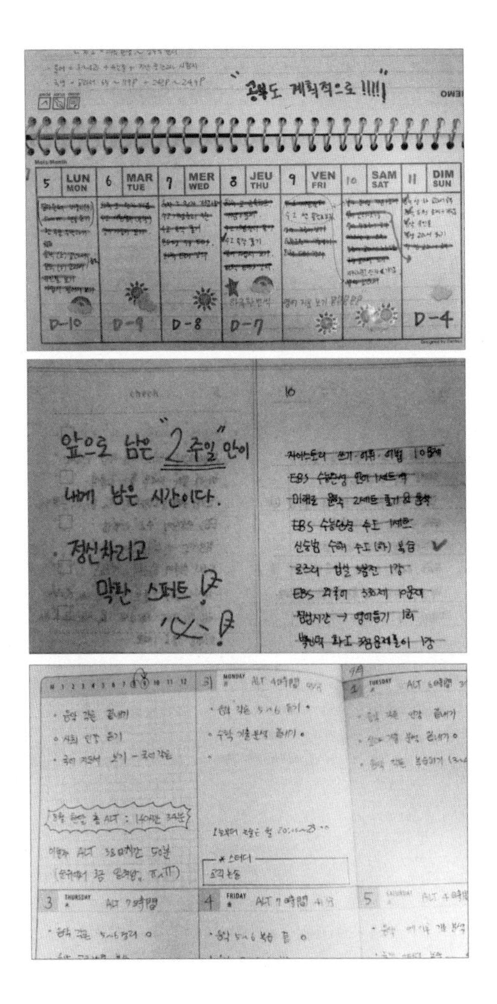

누군가 저에게 "공부에 자신 있나요?"라고 묻는다면 자신 있게 대답할 수 있습니다. 바로 "아니요"라고 말이지요. 그리고 덧붙여 "계획을 세우고 노력하는 것은 자신 있어요"라고 말할 것입니다. 머리가 좋진 않지만 계획을 잘 세우고 행동하려고 노력하는 것! 그것이 저의 장점이자 지금에 올 수 있게 해준 원동력이라고 생각하기 때문입니다.

제가 초등학교 때부터 부모님은 성적을 올리라거나 공부를 열심히 하라고 재촉하지 않으셨습니다. 하지만 저는 계획을 세우지 않으면 불안했고 미리 준비하지 않으면 초조함을 느끼곤 했지요. 그래서 저는 중학교 때부터 계획을 세우는 습관을 들이기 시작했습니다.

시험날짜가 한 달 앞으로 다가오면 스케줄러에 D-30을 적었습니다. 그리고 공부를 시작하기 전에 먼저 공부해야 할 단원의 개수를 확인했습니다. 각 과목의 난이도를 평가하고 내가 그 과목을 좋아하는지 싫어하는지를 고려하여 1순위부터 꼴찌까지 점수를 매겼습니다. 예를 들어 저는 과학을 좋아했지만 시험범위가 어려운 부분이라 공부하기 싫다는 생각이 들면 10점 만점에 7점을 줬습니다. 또는 영어는 싫어하지만 공부할 양이 많지 않다면 최저점보다 조금 위인 3점을 주는 방식이었습니다.

그 후 하루에 두 과목씩 공부하려고 목표를 잡았습니다. 각 과목에 1순위부터 꼴찌까지 순위가 매겨져 있는 상태에서 1순위와 10순위를 짝짓고, 2순위와 9순위, 3순위와 7순위를 짝지어 2과목씩 5묶음을 만들었습니다. 그리고 하루에 1묶음(2과목)씩 공부했고 하기 싫은 10순위 공부를 하다가 질리면 반가운 1순위 과목을 시작하여 공부와 밀당(?)을 하기도 했지요. 이러한 공부 방식은 제가 스스로 공부를 할 수 있게 했고, 계획적으로 공부하는 습관을 길러 주었습니다. 이 습관은 고등학교를 거쳐 교육대학교에 입학한 후 임용고사를 치르는 그날까지 이어졌습니다.

이처럼 나에게 주어진 시간과 해결해야 할 문제를 파악하고 어떻게 공부하면 좋을지 생각하는 것이 바로 '전략'입니다. 이 전략을 잘 구성하여 학습하는 데 도움이 되는 능력을 '전략수립능력'이라고 지칭하겠습니다.

'공부 잘하는 아이들이 운동도 잘한다!' 또는 '공부 잘하는 아이들이 그림도 잘 그린다!' 등의 이야기를 많이 합니다. 어떤 분야와 공부를 연관시켜 생각하는 겁니다. 이러한 말이 나오는 이유는 바로 공부의 '전략' 때문입니다. 공부를 잘하는 아이들은 대체로 전략을 세워 공부에 접근합니다. 그 과정을 반복하다 보면 스스로 전략의 중요성을 깨닫게 되고 무언가를 할 때도 전략적으로 접근하게 됩니다. 이렇듯 전략적으로 생각하는 힘은 공부뿐만 아니라 취미와 생활 분야까지 영역을 넓히고 곧이어 인생을 결정하는 진로 선택에도 영향을 끼칩니다.

전략수립능력은 단순한 일상을 뛰어넘어 저의 진로 선택에까지 큰 영향을 주었습니다. 저는 자신에게 주어진 간단한 일부터 큰일까지 해결하며 전략의 중요성을 깨달았고, 이 힘을 삶 자체에 전반적으로 활용했습니다. 진로를 선택하고 준비하는 과정에서도 큰 밑거름이 되었지요. 이렇듯 전략수립능력은 삶에서 무척 중요하게 작용합니다.

시간 안에 문제를 풀지 못하는 아이

아이들은 열심히만 공부하면 100점짜리 공부라고 생각합니다. 과정을 중요시하는 요즘 교육 추세에 맞는 말이기도 합니다. 하지만 현실은 100% 과정 중심이 아니기 때문에 결과를 무시할 수도 없습니다. 과정만을 중시하는 공부는 학생에게 만족스럽지 못한 결과를 안겨줄 수 있습니다. 이후에 학생이 자신의 공부법을 점검하고 수정한다면 정말 다행이지만, 그렇지 못한다면 수렁에 빠지게 되겠지요. 이러한 맥락에서 초등학생들을 바라보며 안타까웠던 것들과 동시에 바라는 공부법에 대해 이야기해 보겠습니다.

현재 학교에서 활용되고 있는 초등 수학 교과서를 보면 단원별로 개념들을 설명하고, 마지막 1교시 분량으로 '잘했는지 알아봅시다'라는 점검시간이 있습니다. 수학은 대부분 6~8교시 정도를 활용해서 개념을 가르치고, 그 개념을 잘 습득했는지 점검하는 활동 1교시, 더 나아가 창의성과 문제해결력을 기르는 심화학습 활동 1교시 정도로 구성하여 수업을 진행합니다.

저는 단원이 끝나고 점검활동을 진행할 때 학생들에게 40분 내에 혼자 문제를 풀어보라고 합니다. 문제를 모두 푼 학생은 교과서를 들고 나와 채점을 받습니다. 채점을 다 받고 틀린 문제가 있는 학생은 혼자 다시 고민해 볼 수 있는 시간을 주고, 문제를 전부 맞힌 학생은 칠판에 이름을 적게 합니다. 이름을 적고 나면 남은 시간에는 교실을 돌아다니며 어려움을 겪고 있는 친구들을 도와주도록 합니다. 일명 '또래 교사'라고 불리는 공부법입니다.

난이도에 따라 다르지만, 보통 혼자만의 문제풀이 시간이 시작되고 5~10분이 지나면 칠판에 이름을 쓰는 학생이 한두 명씩 나오기 시작합니다. 또래 교사도 담임 교사와 같이 채점할 수 있는 권한이 있기 때문에 또래 교사가 생기면 그 이후 또래 교사는 급속도로 늘어납니다. 이러한 방식으로 점검활동을 진행하다 보면 40분이라는 제한된 시간 내에 대부분의 학생은 활동을 성공적으로 마무리하게 되는 구조입니다.

하지만 같은 내용으로, 또는 비슷한 수준으로 활동을 반복해도 꼭 통과에 어려움을 겪는 친구들이 있습니다. 그 친구들은 그럼 우리가 사회에서 말하는 '수포자'일까요? 아니면 그저 '공부하기 싫어하는 학생'인 것일까요? 자세히 살펴보면 그 어느 쪽도 아니었습니다. 이 학생들은 대부분 아주 성실하면서 욕심이 많은 친구들이었습니다. 또한 수학뿐만 아니라 다른 과목들에서도 아주 열성적이고 모든 과제를 세심하게 챙겼습니다. 이 친구들의 평가지나 활동지를 살펴보다가 빽빽하게 쓴 글씨에 놀랄 때도 있었지요.

그렇다면 이 학생들은 어떤 점이 부족한 것일까요? 곰곰이 살펴보면 공통적으로 '전략수립능력'이 매우 떨어진다는 사실을 알 수 있습니다. 쉽게 말해 자신이 하고 싶은 방법으로 문제를 풀기 위해 노력하다 보니 제한 시간 안에 문제를 풀지 못하는 것입니다. 어떤 아이는 쌓기 나무 모양을 그리기 위해 자를 돌려가며 꼼꼼하게 그리는 경우도 있었고, 다른 친구는 그 그림에 명암을 넣기까지 했습니다.

선생님이 "이번 활동은 20분 안에 마무리해 보세요"라고 시간에 제한을 둔다면 그 시간 안에 끝내야 완벽하게 해결한 것입니다. 교사는 반드시 여유를 두고 시간을 제시하지만 그 안에 해결하지 못한다면, 아무리 노력해도 결국 해결하지 못한 것과 같습니다.

조금 과장해서 예를 들어 보겠습니다. A학생은 문제는 정말 열심히 풀었지만 한 문제를 깨끗하게 풀기 위해 또는 풀이과정을 예쁘게 꾸미는 데 집착한 나머지 다른 문제들을 못 풀어서 40점을 받았습니다. B학생은 처음부터 끝까지 설렁설렁 다 풀어서 50점을 받았습니다. 문제를 해결하는 능력이나 성실함은 A학생이 월등한데 전략적으로 주어진 시간을 활용하지 못해 B학생에 비해 낮은 점수를 받았습니다. "40분 내에 문제풀이를 끝내야 합니다!"라고 수없이 강조해도 10분 남은 시점에 왜 자꾸 그림문제에 집착하고 안 넘어가는지 A학생을 보는 교사의 속은 타들어갑니다. 평소 책임감 있고 노력하는 예쁜 학생이 그럴수록 더욱 답답하고 마음이 아픕니다.

지금 이 책을 읽는 여러분의 아이는 어떤가요? 자녀가 공부하는 모습을 꾸준히 살펴보고, 여러 시도를 해 본 분들은 예측이 가능할 수 있겠지만 보통은 알기 쉽지 않습니다. 학교에서 공부하는 모습은 1년에 한 번 있는 공개수업 때밖에 보지 못하고, 집에서는 책상에 어영부영 앉아 있기 십상이니까요. 하지만 '좋은 공부', 또는 '효율적인 공부'에 대해서는 이 부분을 빼놓을 수가 없습니다. 이어지는 설명에서 내 아이가 얼마나 잘 공부하고 있는지 확인하는 방법을 알아보고 직접 점검해 보세요.

우리 아이는 얼마나 잘 공부하고 있나요?

우리는 살면서 하루의 계획을 세우고, 일주일, 한 달 단위의 계획도 세웁니다. 새해가 밝으면 '올해는 ~에 성공할 거야!'라며 1년 단위의 계획까지 세웁니다. 이렇듯 우리는 생활 속에서 계획을 세우고 지키려고 노력합니다. 잘 세운 계획은 어떤 일을 진행할 때 어떻게 움직이고 행동하여 문제를 해결해 나갈지 생각하는 열쇠가 됩니다.

성실하지만 전략적으로 공부하는 능력은 부족한 학생들이 많습니다. 학창시절을 떠올려 보면 잠 한숨 못 자고 공부에 매달렸지만 결과는 따라 주지 않는 경우가 바로 그렇습니다. 또는 앞에서 언급한 것처럼 열심히는 하지만 시간 관리를 못해서 학습에 어려움을 겪는 경우도 비슷한 상황입니다. 따라서 내 아이가 학업에서 이러한 어려움을 극복해 나가길 원한다면 전략수립능력이 어느 정도 수준인지를 꼭 확인해야 합니다.

전략수립능력에 대해 확인해 보는 방법은 여러 가지가 있습니다. 여기에서는 그중에서 가장 단순하면서 확실한 방법, 학교교육과 가정교육을 연관시켜 공부하는 방법을 알려드리겠습니다. 학생들이 가지고 있는 개인 문제집이나 학습지로도 활용 가능합니다. 천천히 읽고 하나씩 따라해 보세요. 처음에는 귀찮고 번거롭다고 느껴질 수 있지만 반복하다 보면 여러분도, 자녀도 익숙해질 것입니다.

아래의 단계를 따라 하며 자녀 관찰 포인트와 유의사항을 잘 읽어 보고, 자녀가 문제를 푸는 동안 세심하게 관찰해 주세요. 자녀가 몇 점을 맞느냐가 중요한 것이 아니라 자녀가 문제를 풀다가 어려움에 부딪혔을 때 어떻게 대응하는지가 핵심입니다. 그리고 어떠한 결과가 나오든 과정을 중심으로 칭찬해 주세요.

1. 자녀가 가지고 있는 교과서 중 가장 자신 있는 과목과 자신 없는 과목 각 한 권씩, 총 두 권의 교과서와 시계를 준비해 주세요.

2. 현재 학교에서 배우고 있는 곳이 어딘지 물어보세요. 직전 단원의 내용이 어떤 것인지 한번 살펴봐 주세요. 현재 배우고 있는 단원이 아닌, 수업이 끝난 이전 단원을 활용해야 합니다.

3. 해당 단원의 마무리 부분을 보면 단원 내용을 정리하는 활동차시가 있습니다. 자녀에게 이 부분을 해결하도록 해 주세요. 이때 아래 제시된 기준이 중요하다는 것을 알려주세요.

- 제한시간 내에 수행해야 한다.
- 정확한 풀이도 중요하므로 시간을 생각하여 효율적으로 접근해야 한다.
- 모르는 문제는 앞 페이지를 찾아서 해결해도 된다.

4. 시계를 활용해 정해진 시간을 보여주고 시작을 알려주세요.

5. 아래의 자녀 관찰 포인트에 중점을 두고 문제풀이 과정을 관찰해 주세요.

- 시간을 확인해가며 문제를 해결하고 있나요?
  ㉎ 해결해야 하는 쪽수는 2쪽인데 시간이 20분이라고 해 봅시다. 10분이 남았을 때 중간 부분을 풀고 있다면, 자녀가 문제풀이에 속도를 내고 있는지 관찰해 보세요.
- 모르는 문제가 나왔을 때 적절하게 대처하고 있나요?
  ㉎ 문제를 풀지 못하는 경우 자녀는 과감하게 별표를 치고 넘어가나요? 또는 교과서의 앞부분을 찾아가서 해당되는 내용을 찾아보고 있나요?
- 평가와 채점이 끝나면 문제를 풀 때 어땠는지 물어봐 주세요.
  ㉎ 문제를 풀 때 너 스스로 부족하다고 느낀 점은 무엇이 있었니?
  그리고 스스로에게 칭찬해 주고 싶은 점은 무엇이니?

이때 어떤 문제가 어려웠는지 결과를 묻는 것이 아닌 과정을 되돌아보는 질문을 해야 합니다. 특히 부족한 점에 대해서 어떻게 생각하는지 세심하게 물어보세요. 위의 질문에 구체적으로 대답을 잘하는지 관찰해 봅시다. 필요한 경우에는 아래와 같이 추가로 질문하여 생각을 확장시켜주세요.

㉮ 문제 해결하는 과정에서 어떤 점이 어려웠어?
그 어려움을 어떻게 해결했어?
기존의 방법과는 다른 새로운 풀이 방법은 없을까?
시간 안에 해결하려면 어떻게 해야 할까?
왜 그렇게 생각해?

유의사항

- 문제풀이 시간은 문제의 양과 유형에 따라 정해 주세요. 단답형의 경우 1문항당 1분으로 계산하거나 서술형인 경우에는 시간을 늘리는 등의 방법으로 사전에 계산해 주세요.
- 단원 마무리 활동이 있는 과목은 대체로 수학, 과학, 사회, 영어입니다.
- 자녀의 수준에 맞게 문제 수와 난이도를 조정해 주세요. 해결 자체가 안 되는 문제를 제시하는 경우 활동의 의미가 없어집니다. 교과서나 학교 공부가 쉽다고 느껴진다면 다른 부교재를 사용하는 것이 더 좋습니다. (문제 수의 70~80% 정도 정답을 받을 수 있는 난이도의 문제집이 제일 좋습니다.)
- 자녀가 해당 공부에 어려움을 느낀다면 문제풀이를 시작하기 전에 앞 내용을 간단하게 한번 읽어 보게 해 주세요. 전체 복습이 끝난 뒤에 문제풀이를 시작해 주세요.
- 자녀에게는 '전략수립'이라는 말을 하지 않아도 됩니다. 대신 '시간 안에 주어진 모든 문제를 풀어야 해' 정도로 풀어서 설명해 주세요.

위의 방법을 실천하여 문제를 풀고 난 뒤 얼마나 맞혔는지 살펴보면 자녀가 얼마나 전략적으로 공부하는지 확인해 볼 수 있습니다. 하지만 중요한 것은 정답률보다 활동 이후 이어지는 부모의 추가질문에 대한 아이의 답변입니다. 정답률이 낮더라도 해결과정에 대한 반성이 구체적이고 계획적이라면 오히려 전략수립능력은 높다고 할 수 있습니다. 정답률과 답변을 종합적으로 봐야 합니다.

정답률(%)	전략수립능력 정도	추가행동
80~100	아주 만족	전략을 세워 문제 해결하는 방법을 다양하게 탐색해 보세요.
60~80	만족	전략을 세우는 방법에 익숙해지도록 반복해 주세요.
40~60	중간	전략이 왜 중요한지 이해하는 과정이 먼저 필요합니다.
40 이하	노력 필요	학업능력, 학습습관, 생활습관 등 아이의 전반적인 생활을 점검해 주세요. 공부뿐만 아니라 전체적으로 살펴볼 필요가 있습니다.

정답률이 어느 정도인지 표와 비교해 보세요. 정답률에 따라 앞으로 어떻게 접근할지 참고자료가 될 겁니다. 전략을 세워서 공부하는 구체적인 방법은 다음 장을 확인해 주세요. 아이 스스로 '전략적으로 공부하기'의 중요성을 깨닫는 것이 무엇보다 중요합니다. 그리고 이 과정을 지속적으로 반복하여 습관이 될 수 있도록 도와주는 것이 여러분의 역할입니다. 어린아이들은 중요성과 반복하는 것, 습관화하는 것 자체가 어렵기 때문에 부모가 기회를 마련하고 알려줘야 합니다.

영균쌤의 코칭 포인트

전략만 잘 세우는 우리 아이, 괜찮을까요?

그런 걱정은 한시름 내려놓으세요! 초등학교 공부는 전부가 아니며, 금방 따라잡을 수 있는 수준입니다. 예를 들어 초등학교 1~6학년에서 가르치는 수학 개념의 양은 중학교에서의 1년 또는 그보다 조금 더 많은 정도일 뿐입니다. 공부는 금방 따라잡을 수 있지만, 전략수립능력은 금방 키울 수 없지요. 오히려 더 앞서가고 있는 상황일 수도 있습니다. 또한 모든 문제에 전략적으로 접근한다는 것은 학업 이외의 생활습관, 교우관계, 진로설계에서 더욱 긍정적으로 작용합니다.

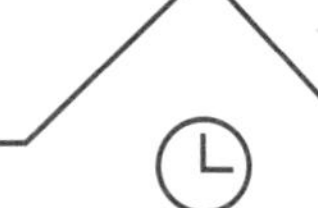

전략적으로 공부하는 습관은 어떻게 기르나요?

우리 아이만의 포트폴리오 만들기
활동지 1을 활용하세요!

우리 아이가 얼마나 전략적으로 공부하는지 파악이 되셨나요? 자녀의 공부법에 만족하는 부모님도, 걱정이 되는 부모님도 있으리라 생각됩니다. 만족스럽다면 앞으로 어떻게 더 보강해 나가면 좋을지 고민해 보세요. 반대로 만족스럽지 못하다면 부족한 부분을 어떻게 보충하면 좋을지 계획을 세우고 실천하세요. 지금은 발전가능성이 무궁무진한 상태라 생각하는 긍정의 힘이 필요한 순간입니다.

그렇다면 자녀의 전략수립능력을 어떻게 키우면 좋을까요? 방법 자체는 단순합니다만, 성패는 부모가 얼마나 적극적으로 참여하는지에 달려 있습니다. 단순히 아래의 과정을 시키고 끝내는 것은 아무 의미가 없습니다. 부모가 그 과정을 관찰하고, 어떤 부분이 부족한지 지도해야 합니다. 그리고 바로 직접 알려주기보다는 자녀가 스스로 생각하도록 먼저 질문해 보세요.

"어떤 점을 보충하면 좋겠니? 앞으로 어떻게 공부하면 좋겠니?"

대화가 없는 교육과정은 그 어떤 의미도 없다는 사실을 한 번 더 강조하겠습니다.

1. 시간 안에 일을 해결하지 못해 난처했던 경험을 떠올려보세요. 이를 바탕으로 자녀와 대화를 통해 전략수립의 중요성을 알려줍니다.

2. 자녀에게 충분히 성공 가능한 넉넉한 시간과 적당한 문제를 제시해 주세요. 단, 문제를 풀기 전에 해결해야 할 문제가 얼마나 많은지 자녀와 함께 확인하고 어느 정도의 시간이 필요할지 토의하여 시간을 정합니다. 이때 제한 시간 내에 효율적으로 문제를 해결하는 것이 목표라는 것을 강조하세요.

3. 자녀는 정한 시간 내에 문제를 해결하고, 여러분은 지속적으로 관찰합니다. 필요한 경우 중간에라도 개입하여 남은 시간과 문제의 양을 비교하며 어느 수준까지 진행되었어야 하는지 알려줍니다.

4. 시간이 끝나면 자녀의 성공에 대해 칭찬해 주되, 과정에 중심을 두고 이야기합니다. 잘했던 점과 부족했던 점에 대해 토의해 보고, 앞으로 어떻게 하면 좋을지 생각합니다. 예를 들어 "~하려고 노력했구나! 시간을 틈틈이 파악하려는 시도가 좋았어" 정도의 말이면 좋습니다.

5. 자녀가 스스로 문제의 양을 파악하고, 적절한 시간을 안배하며 전략을 수립할 수 있도록 도와주세요. 제한 시간 내에 여러 방법들을 문제 속에서 직접 활용해 볼 수 있도록 알려줍니다.

문제 해결 과정에서 사용할 수 있는 방법

- 문제에서 막혔을 때 해당 단원에서 중요했던 내용 떠올리기
- 문제에서 막혔을 때 머릿속에 바로 떠오르는 내용에서 거꾸로 하나씩 연결시켜 보기
- 선택지 문항 중 정확하게 틀린 것들을 먼저 제외하고 고민하기
- 비슷하거나 같은 내용을 다루는 다른 문제에서 힌트 얻기
- 모르는 문제는 과감하게 넘어가기

위의 과정을 반복 연습하고, 점차 시간을 줄여갑니다.

6. 이 방법을 학업 및 생활지도에도 적극적으로 활용하여 교육적 효과를 높여 보세요. 학습지 풀기, 방 청소하기, 장난감 정리하기, 심부름 다녀오기 등 자녀가 '문제' 또는 '미션'이라고 느낄 수 있는 활동들에 전반적으로 활용할 수 있습니다.

사실 모든 자녀 교육법은 크게 어렵지 않습니다. 그런데도 많은 사람들이 어려움을 겪는 이유는 다이어트 같기 때문입니다. 매일 실천하고 꾸준히 반복하기가 어렵다는 것, 그것이 바로 자녀교육이 어려운 이유입니다.

꾸준한 반복 실천으로 전략수립능력을 기르면 공부뿐만 아니라

생활과 인생 전반에 큰 도움이 됩니다. 이러한 전략수립능력은 단순히 문제 하나를 어떻게 푸느냐에서 끝나지 않고, 주어진 여유시간을 적절하게 사용하는 능력으로 발전할 수 있습니다. 이 능력은 또 자신의 생활을 성찰하고 조율하는 데 활용되어 결국 삶 전체를 원하는 대로 아우를 수 있는 인재가 되는 데 도움을 줄 것입니다. 나를 알고 나를 컨트롤하는 것, 그것이 진정 현재의 자신과 미래의 자신, 그리고 진로를 설계하는 데 가장 필요한 기초 능력이 아닐까요?

많은 부모님들이 제게 했던 질문이 하나 있습니다. 바로 "어떻게 하면 저희 아이가 꿈을 이룰 수 있을까요?"입니다. 자녀 스스로 전략적으로 계획을 세우고 접근하게끔 능력을 길러 주는 것, 그것이 자녀의 공부, 그리고 더 나아가 진로설계에 있어서 가장 기초적으로 요구되는 핵심입니다.

영균쌤의 코칭 포인트

칭찬을 잘하려면 어떻게 해야 할까요?

아이들에게 전략수립능력이나 다른 힘을 키워 주려면 끊임없는 격려가 필요합니다. 칭찬은 고래도 춤추게 한다는 말처럼 아이들 또한 칭찬을 들으면 열심히 하려고 노력합니다. 그런데 우리 아이는 칭찬을 들어도 아무런 반응이 없다고요?

그렇다면 우리 아이를 어떻게 칭찬하고 있는지 한번 생각해 보세요. 아이가 수행한 일에 대한 결과를 칭찬하지는 않았나요? 사실 어른들의 눈에 아이들의 수행 결과가 항상 만족스러울 수는 없습니다. 그러다 보니 결과를 칭찬해 주다 보면 형식적인 칭찬 뒤에 아쉬운 소리 또는 잔소리가 이어져 함께 나오거나 만족스럽지 못한 느낌이 간접적으로 표출되기도 하지요.

칭찬은 항상 과정을 중심으로 칭찬해 주세요. 어떠한 노력을 했는지, 어떠한 판단을 했는지, 어떠한 전략을 세웠는지 등 아이의 생각을 묻고 그에 대해 구체적으로 공감해 주세요. 항상 과정이 중요함을 알려주고, 그 후에 결과도 잘 고려해야 한다는 점을 꼭 알려주세요.

㉮ (결과 칭찬) 우리 ○○이가 문제를 10개나 맞았구나! 정말 잘했어요! 다음에도 전략을 잘 세워서 10개를 맞도록 노력해 봅시다~

(과정 칭찬) 우리 ○○이는 문제를 풀기 위해 어떠한 시도를 해 봤어요? ○○이는 문제를 풀기 위해 이렇게나 많은 전략을 시도하고 고민했구나! 문제가 어려워 풀지 못했더라도 스스로 다양한 전략을 활용했다는 점이 참 훌륭하네요. 오늘의 경험이 더해져 다음에는 잘 해결할 수 있을 것 같아요.

CHAPTER 2

스스로 생각하며 공부하는 아이

모르겠어요! 알려주세요!
해 주세요!

학생들을 지도하다 보면 정말 다양한 문제 상황을 처리하게 됩니다. 수학문제가 어려워서, 급식을 먹다 숟가락이 떨어져서, 책상을 청소하다 먼지가 떨어졌는데 짝과 싸움이 나서 등등 정말 사소하지만 일상적인 수많은 문제 상황이 있습니다. 저는 주로 6학년 담임을 맡았는데, 6학년 아이들도 마찬가지였습니다. 질풍노도의 사춘기를 겪는 아이들은 화장을 하고 어른 흉내를 내더라도 그 속만큼은 정말 여리고 순수했습니다.

아이들이 수많은 질문과 요구사항을 말할 때마다 "제발 그만 얘기해! 그런 건 제발 스스로 해결해 줘!"라고 말하고 싶을 때도 있었습니다. 하지만 마음의 소리일 뿐, 현실에서는 결국 아이들에게 다가가 "무슨 일인가요?"라며 먼저 묻고 이야기를 들어줍니다. 그러면 아이들은 문제 상황과 자신들만의 이야기를 구구절절 풀어 놓습니다. 아이들과 이야기해 보면 문제 상황에 대처하는 방법이 제각각입니다. 아주 기특하게도 혼자 어떻게 해결하면 좋을지 고민해 보는 아이가 있고, 빠르게 손을 들어 선생님에게 도움을 요청하는 아이도 있습니다. 사실 스스로 깊은 생각을 해 보지 않고 "선생님!" 하고 먼저 외치는 것이 대다수이긴 합니다.

저는 아이들에게 이렇게 말했습니다.

"의견을 적극적으로 제시하는 것은 무척이나 중요합니다. 하지만 궁금증이나 건의사항이 생기면 선생님에게 말하기 전에 꼭 스스로 한번 생각해 보세요. 내가 스스로 할 수 있는 것인지 생각해 보고, 해결이 되지 않을 때만 적극적으로 질문하세요!"

이렇게 수없이 강조하며 '이 정도 말했으면 이해하겠지? 따라 주겠지?'라고 생각했습니다. 과연 현실은 어땠을까요?

아무리 강조해도 몇몇 아이들은 깊이 생각해 보지 않고 자신의 모든 문제 상황을 담임 교사에게 해결해 달라고 합니다. 매번 도움을 요청하는 아이들은 생각하는 힘을 키울 수 없었고, 학업과 생활 등에서 전반적으로 비슷한 모습을 보였습니다. 한 번이 열 번이 되고, 이렇게 계속 질문하던 아이는 잘못된 질문이 습관이 돼 버립니다. 그리고 3학년, 4학년, 점점 시기가 지나 중학생, 고등학생이 되면 뒤늦게 깨닫게 됩니다. '내가 했던 질문들은 그냥 내가 귀찮아서 생각하지 않고 했던 말이었구나! 나에게 도움이 되는 질문이 아니라 나를 뒤처지게 만드는 질문이었구나!' 하고 말입니다.

사고하는 힘은 생활 전반에 작용하기 때문에 아이의 성장과 진로에 엄청난 영향을 끼칩니다. 따라서 스스로 사고하는 습관은 아이들에게 정말 중요합니다. 또한 초등학교 때 제대로 된 사고방식과 사고능력을 길러 주지 않으면 청소년기가 지나면서 의존적인 모습이 습관처럼 굳어지고, 그 이후에는 극복하기 힘들게 됩니다.

아이들은 어려서 자꾸 의지하려 하고, 스스로 생각하지 않으려 합니다. 하지만 많은 부모님들은 '아직은 어리니까!'라며 이 정도는 괜찮다고 속단해 버립니다. 여러 아이들을 살펴본 경험으로 보자면 절대 괜찮지 않습니다! 이 시기부터 자녀가 스스로 사고할 수 있게 도와주세요. 기회를 만들어주세요. 그리고 결과를 떠나서 그 과정을 칭찬해 주세요.

여러분의 아이들은 어떤가요? '스스로' '생각'하고 '사고'하는 것 같나요? '아직 어리니까!'라고 생각한다면 이 또한 되돌아봐야 합니다. 그리고 아이들에게 "스스로 생각해 봐!"라고 말하기 전에 어른들도 같이 고민하고 반성한다면 아이들의 교육에도 큰 힘이 될 것입니다.

초등학교의 교육목표는 습관 형성이다?

혹시 초등학교에서 진짜 아이들에게 가르치려는 것이 무엇인지 알고 계신가요? 덧셈, 뺄셈, 곱셈, 나눗셈과 같은 수학 연산 능력일까요? 아니면 글을 잘 읽고 문제를 잘 풀며 글을 잘 쓰는 언어능력일까요? 물론 모두 틀린 말은 아닙니다. 학교에서 열심히 가르치고 있는 내용이기도 하니까요. 하지만 이러한 교육내용을 모두 아우를 수 있고 가장 궁극적인 목표가 되는 지향점은 따로 있습니다. 바로 '습관 형성'입니다.

앞에서 스스로 사고하는 습관이 매우 중요하다고 반복해서 언급했습니다. 학교에서도 이러한 습관을 매우 강조하고 있습니다. 이에 대해 이야기하기 위해 먼저 국가에서 발표한 교육과정을 짧게 살펴보겠습니다. 다음 내용은 현재 초등학교 현장에 반영되어 있으며, 전국 공통 교육 기준인 2015개정 교육과정의 일부입니다. 교육과정은 시대상황에 따라 일정한 주기로 계속 변했습니다. 6 · 25 휴전 이후 미국이 개입한 교육과정부터 1~7차 교육과정, 그리고 2007개정, 2009개정, 2015개정의 흐름으로 교육과정에는 끊임없는 변화가 있었습니다. 그러한 역동적인 변화 속에서도 초등학교의 교육목표와 추구하는 인간상은 크게 변하지 않았습니다.

초등학교 교육목표

초등학교 교육은 학생의 일상생활과 학습에 필요한 기본습관 및 기초능력을 기르고 바른 인성을 함양하는 데에 중점을 둔다.

추구하는 인간상

우리나라의 교육은 홍익인간의 이념 아래 모든 국민으로 하여금 인격을 도야하고, 자주적 생활능력과 민주 시민으로서 필요한 자질을 갖추게 함으로써 인간다운 삶을 영위하게 하며, 민주 국가의 발전과 인류 공영의 이상을 실현하는 데에 이바지하게 함을 목적으로 하고 있다.

과연 초등학교에서 가르치고자 하는 궁극적인 목표는 무엇이며, 이 문장의 핵심 키워드는 무엇일까요? 초등 교육과정의 중요한 핵심은 '일상생활과 학습에 필요한 기본습관 및 기초능력'이며, '자주적 생활능력과 민주 시민으로서 필요한 자질'이라고 할 수 있습니다. 학업 내용을 얼마나 많이 이해하고 기억하며 문제를 푸는지보다 학업에 임하는 자세와 능동적인 사고방식을 중요하게 여긴다는 겁니다. 또한 문제 상황을 자신의 상황에 맞추어 유동적으로 해결해 나갈 수 있는 자주적 생활능력을 강조하고 있습니다.

사회적 배경이나 정권교체에 따라 요구되는 덕목과 요소들이 변화되고 교육내용이 추가되거나 삭제되었습니다. 그렇게 변화무쌍하던 개정 속에서도 변함없었던 것이 있습니다. 바로 '학생 스스로 생각하는 힘'입니다. 여러 문제 상황 속에서도 학생이 스스로 문제를 살펴보고, 스스로 해결방법을 마련해 보며 직접 실천하는 과정들을 강조한 것입니다. 이러한 배경에 비추어 보면 스스로 사고하는 힘이 얼마나 중요한지 느낄 수 있습니다.

저는 학생이 교육과정을 잘 따라가고 있는지의 기준은 '공부를 잘하고 있나?', '얼마나 이해했나?'가 아닌 '스스로 사고하며 생활하는 습관이 있는가?'가 맞다고 생각합니다. 학생이 학교생활을 하는 과정에서 스스로 고민하고 생각하는지, 공부도 그러한 방식으로 참여하고 있는지, 그리고 이러한 과정이 습관으로 굳어져 스스로를 성장시키고 있는지가 중점입니다. 초등학교 교육목표에서 학습기초능력보다 기본습관이 먼저 언급된 것처럼 말입니다. 제가 이렇게 '스스로 생각하는 힘'을 강조하는 이유는 이 능력이 단순한 학업능력에 그치지 않고, 자녀의 진로 계획과 실천에도 영향을 끼치기 때문입니다.

스스로 생각하며 공부하는 힘 점검하기

여러분의 자녀는 스스로 생각하고 사고하면서 공부하고 있나요?

사고 과정은 겉으로 드러나지 않아 파악하기 힘듭니다. 그렇다면 어떻게 자녀의 사고하는 힘을 알아볼 수 있을까요? 과연 방법이 있을까요?

간단한 수학문제를 준비해 보았습니다. 이 문제는 현재 초등학교 국정 수학교과서 6학년 2학기에서 발췌한 것입니다. 지금 이 책을 읽고 계신 여러분의 자녀가 6학년 또는 중학생 이상이라면 지금 바로 풀어 보게 하세요. 그리고 해결하면서 두 문제가 어떻게, 또 무엇이 다른지 이야기해 보게 하세요. 단, 자녀의 대답을 이해하고 스스로 생각하는 힘을 측정하기 위해서 부모님이 문제를 먼저 풀어 보시기 바랍니다. 지금 바로 연필을 준비하여 풀어 보세요.

1번 문제

아래의 그림을 보고 빈칸에 들어갈 숫자를 쓰시오. (원주율은 3으로 계산한다.)

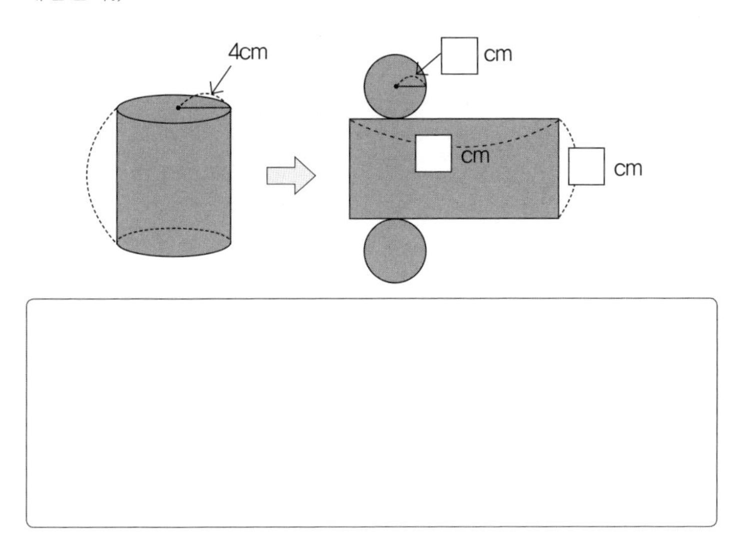

2번 문제

가로 36cm, 세로 24cm인 직사각형 모양 종이에 원기둥의 전개도를 그리고 오려 붙여 원기둥을 만들려고 한다. 밑면의 반지름을 4cm로 하여 원기둥의 높이를 최대한 높게 만들고 싶다. 원기둥의 높이는 최대 몇 cm까지 만들 수 있을까? (원주율은 3으로 계산하며, 종이의 가로세로에 평행하도록 원기둥을 만든다.)

문제풀이가 끝나면 다음 장의 정답과 해설에 비교하여 얼마나 잘 풀었는지 점검하세요. 그리고 두 문제가 비슷하면서도 무엇이 어떻게 다른지 생각해 봅시다.

두 문제는 모두 원기둥의 구성요소와 원주율을 이해하면 쉽게 해결할 수 있는 문제입니다. 제가 이 활동을 제시한 목적은 '두 문제의 차이'를 느끼게 하기 위해서입니다. 두 문제의 차이점을 느꼈나요? 어떻게 다른지, 왜 다른지 설명할 수 있나요? 두 문제의 차이가 잘 느껴지지 않았다면 다음 페이지의 설명을 집중하여 잘 읽어 보기 바랍니다.

스스로 생각하며 공부하는 힘 분석하기

오랜만에 수학문제를 접해서 당황하셨나요? 문제풀이 과정은 수월했나요? 앞 페이지의 문제에 대한 정답은 다음과 같습니다. 풀이과정을 천천히 읽어 보면서 문제에서 요구하는 것이 무엇인지 찾아보세요.

개념정리

- 원주 = 원의 지름 × 원주율
- 원기둥 밑면의 둘레(원주)는 원기둥 옆면의 가로길이와 같다.

1번 해설

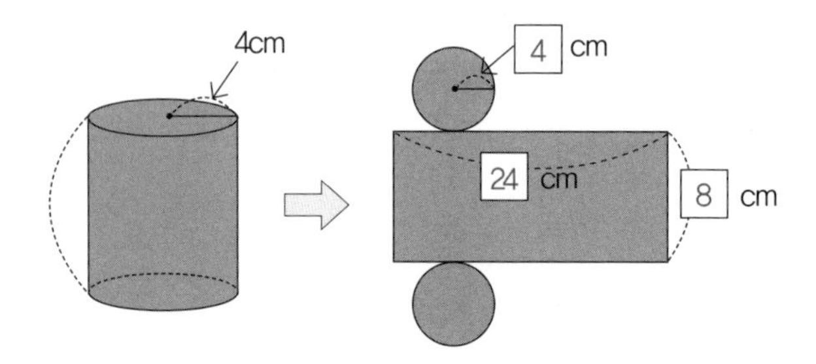

- 왼쪽 원기둥 그림에서 주어진 바와 같이 밑면의 반지름은 그대로 4cm이며, 높이는 8cm이다. 중요한 핵심은 원기둥 옆면의 가로의 길이인데, 이 길이는 밑면 원의 둘레(원주)와 같다.
- 따라서 밑면의 원주를 구해야 한다. 밑면 원주는 반지름이 4이므로 지름은 8cm이다. 원주율은 문제 조건에서 3이었다. [원주 = 밑면의 지름 × 원주율]이므로 8 × 3 = 24cm이다. 원기둥 옆면 가로의 길이는 24cm이다.

2번 해설

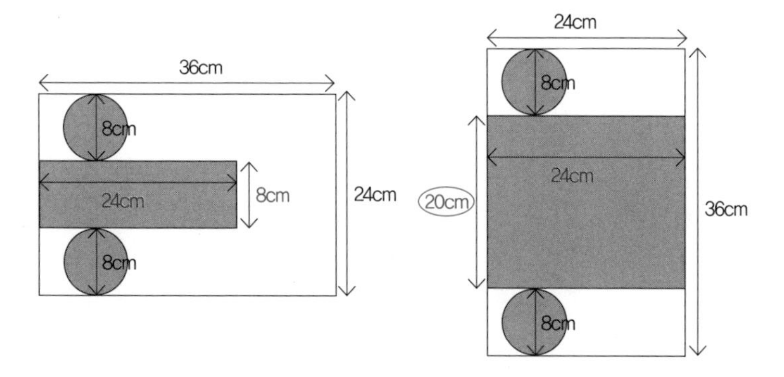

정답: 원기둥 높이 최대치는 20cm이다.

- 이 문제는 종이 안에서 평행하게 원기둥을 만들어야 하므로 종이를 가로로 놓았을 때와 세로로 놓았을 때를 기준으로 풀어야 한다.
- 문제에서 반지름이 4cm로 정해져 있으므로 지름은 8cm로 고정이다.
- 또한 원주율이 고정되어 있으므로 밑면의 둘레(원주)도 고정이다. [원주 = 밑면의 지름 × 원주율]이므로 8 × 3 = 24cm이다.
- 원기둥 옆면의 가로 길이는 밑면의 원주와 같으므로 똑같이 24cm로 고정이다.
- 종이를 가로로 한 경우 종이 안에 원기둥이 들어간다. 하지만 종이의 세로는 24cm가 최대이므로 밑면의 지름 2배인 16cm를 뺀 나머지 8cm만이 높이가 될 수 있다.
- 종이를 세로로 한 경우에도 종이 안에 원기둥이 들어간다. 옆면 가로의 길이가 종이 가로의 길이와 딱 맞아 떨어진다. 종이의 세로의 길이 36cm에서 밑면 지름의 2배인 16cm을 빼면 20cm가 남으므로, 이 길이가 원기둥의 높이가 될 수 있다.
- 따라서 원기둥 높이의 최대치는 종이를 세로로 한 경우인 20cm가 정답이다.

이번에도 정답의 여부는 중요하지 않습니다. 문제를 통해서 말하고 싶은 것은 '스스로 생각하는 힘'이기 때문입니다. 흔히 교과서에서 또는 문제집에서 제시하는 문제는 1번과 같습니다. 원기둥의 구성요소를 알고 '원주 = 밑면의 지름 × 원주율'이라는 공식을 알면 해결할 수 있는 문제였지요.

학생들은 학교에서 반지름, 지름, 원주, 원주율이라는 개념을 배우고 이해합니다. 하지만 교과서의 마지막 시간에 등장하는 공식만을 머릿속에 남겨두며 공부를 마무리합니다. 그리고 문제집을 풀어가며 몸에 익히기 바쁩니다. 수학교육론에서는 이러한 접근을 '도구적 이해' 내지는 '기계적 학습'이라고 부릅니다. 많은 학생들이 학원을 다니고 문제집을 풀며 도구적 이해만 추구하지만, 이러한 공부 방법은 지양해야 합니다.

2번 문제도 위에서 언급한 수학적 개념들을 알아야만 풀 수 있습니다. 하지만 여러 가지 추가 조건들이 붙어 있습니다. 규격이 정해진 종이를 주고 그 안에서 원기둥을 만들어야 한다는 것과 원기둥 높이를 최대한 높게 만들고 싶다는 것, 이 별것 아닌 조건들이 학생들의 머릿속을 뒤죽박죽으로 만듭니다. 2번 문제를 풀기 위해서는 원기둥 각 요소의 길이를 구해야 할 뿐만 아니라 그 크기가 종이 안에 들어가는지 비교해야 합니다. 그리고 그 종이 안에서 얼마만큼 높이를 길게 늘일 수 있는지 생각하여 답을 이끌어내야 합니다. 이러한 과정을 수월하게 진행하려면 원기둥의 구성요소와 관계에 대해 그 원리를 이해해야 합니다. 수학교육론에서는 원리를 이해하며 문제에 적용하는 것을 '관계적 이해'라고 부릅니다. 우리는 모든 상황에서 관계적 이해를 추구해야 하며, 이를 자녀가 습관화할 수 있도록 도와줘야 합니다.

수학 학습 이론	
도구적 이해	• 수학적 규칙이나 공식이 어떻게 이루어지는지 모르는 상태에서 암기한 것만을 활용하여 문제의 답을 구한다. • 규칙과 방법에 대한 지식은 형성되지만, 원리에 대한 지식은 형성되지 않는다.
관계적 이해	• 수학적 규칙이 어떻게 형성되는지 파악하며, 왜 그렇게 되는지도 이해하는 상태로, 이해 과정에서 스스로 생각하는 힘이 필요하다. • 원리를 바탕으로 고차적으로 사고하며, 문제에 적용할 수 있다.

사실 두 문제는 같은 원기둥 문제입니다. 같은 개념을 요구하고 있으며 교육과정에도, 교과서에도 같은 단원에 수록되어 있습니다. 두 문제를 해결할 때 어떠셨나요? 제가 예상하기에는 1번은 쉽고, 그에 반해 2번은 어렵다고 느꼈을 것 같습니다. 물론 2번에 더 많은 조건들이 붙어 있긴 하지만 원기둥 개념 자체는 크게 다른 것이 없었습니다.

두 문제의 차이는 '스스로 사고하며 풀고 있는가?'에 있습니다. 2번 문제는 사고하지 않으면 결코 풀 수 없는 문제입니다. 종이를 가로로 놓았을 때, 세로로 놓았을 때를 나누어 풀어야 하고, 종이 안에서 높이를 최대치로 늘려야 한다는 점까지 놓쳐선 안 되기 때문입니다.

학생들은 생각합니다. '나는 원기둥에서 여러 길이는 구할 수 있지만 최대치를 구하는 것은 배우지 않았는데? 어떻게 풀 수 있지?' 바로 여기에서 갈리게 됩니다. 생각이 생각의 꼬리를 물고 늘어져서 그 원리를 이해하고 답을 이끌어내는 학생이 있고, 손을 들어 선생님이나 친구에게 도움을 요청하는 학생도 있습니다. 여러분의 자녀는 과연 어느 쪽의 학생이라고 생각하나요? 둘 다 아니라면 어떤 학생일까 생각해 보세요. 혹시 여러분의 자녀가 또는 여러분 자신이 "내가 가지고 있는 문제집에는 이런 문제는 (별로) 없어. 이건 공부 잘하는 애들이나 푸는 문제야. 문제가 특이한 거야!"라고 이야기한다면 미래에 자신이 투자한 노력보다 아쉬운 결과를 받을 가능성이 큽니다.

살면서 1번 같은 문제를 만난 적이 있었나요? 원기둥의 길이를 구해 달라고 요청받은 경험이 있나요? 몇몇 직업군이나 특수한 상황을 제외하면 대부분 없다고 대답할 것입니다. 하지만 2번처럼 종이를 잘라서 무언가 만드는 것은 흔히 있는 일입니다. 박스를 잘라서 수납함을 만들기도 하고, 리본을 잘라 몇 개의 선물을 포장하기도 하지요. 이렇듯 주어진 재료 안에서 최대한 크게 또는 최소한 작게 물건을 만드는 경우는 일상에서도 종종 있습니다. 우리가 그러한 상황을 원기둥이나 직육면체라고 생각하지 않고 해결할 뿐이지, 수학적 개념을 활용하고 있는 것입니다.

2번 문제를 해결하는 과정에서 필요한 '사고하는 힘'은 교육과정에서 명시한 '자주적 생활능력'과도 관계가 깊습니다. 또한 수학적 개념을 암기하는 것보다 적용하여 풀어가는 습관은 '기초 학업습관'과도 이어집니다. 이처럼 공부할 때 스스로 생각하고 사고하는 습관은 무엇보다 중요하며 동시에 앞서 말한 관계적 이해는 필수입니다.

두 문제를 풀며 어려움을 느꼈다면 꼭 한 번 더 생각해 보세요.

'나와 나의 아이는 스스로 사고하는 습관을 지니고 있을까?'

이 질문에 '아니요'라는 답이 나온다면, 지금부터라도 바꿔 나갈 수 있기를 바랍니다.

영균쌤의 코칭 포인트

만능 질문 치트키

앞에서 이야기한 것 중에 '결과보다 과정을 칭찬하라!'라는 말, 기억하시나요? 도구적 이해보다 관계적 이해를 해야 더욱 심층적인 사고가 가능해지는데, 여기에도 과정 중심 칭찬이 영향을 줄 수 있습니다. 예를 들어 수학문제를 풀게 할 때, 점수에 따라 칭찬을 하기보다 맞았든 틀렸든 "왜 그렇게 생각했니?"라고 물어보고, 그 과정을 칭찬하는 것이 더 큰 교육이 될 때가 있다는 것입니다. '우리 부모님은 내가 어떻게 생각하는지가 궁금하시구나!'라고 생각하는 동시에 '우리 부모님은 생각하는 과정을 중요시하구나!'라고 느끼게 되기 때문입니다. 이러한 과정을 반복하면 아이는 결국 도구적 이해보다 관계적 이해를 자연스럽게 받아들이게 됩니다. "왜 그렇게 생각했니?"는 부모님들도 쉽게 하실 수 있는 만능 질문이자 만능 칭찬이지요! 자주 묻고, 경청해 주고, 적극적으로 과정을 칭찬해 주세요.

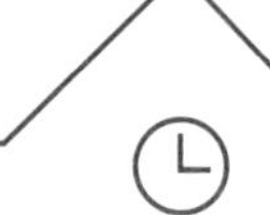

스스로 생각하며 공부하는 힘 길러 주기

우리 아이만의 포트폴리오 만들기
활동지 2를 활용하세요!

어떻게 하면 아이가 스스로 사고하며 공부하게 할 것인지 고민이 많이 되실 겁니다. "열심히 좀 해 보렴!"이라고 말만 하면 될지, 아니면 "생각하면서 공부하고 있니?"라고 물어봐야 할지 막막합니다.

이번에는 이 '스스로 생각하며 공부하는 힘'을 길러 주기 위한 방법을 살펴보겠습니다. 앞서 이야기한 전략수립능력과 마찬가지로 정말 단순하고 머리로는 이미 알고 있을 법한 내용이지만 실천하기는 어렵기 때문에 꼭 한번 짚고 넘어갈 필요가 있습니다.

1. 공부한 내용을 부모에게 직접 설명하게 하기

초등학생들은 선생님의 수업을 듣는 것을 학습이라고 생각합니다. 하지만 듣기만 하는 학습은 자신의 것이 아닌 반토막짜리 학습이지요. 자신의 입으로 다시 설명할 수 있어야 진정한 자신의 것이라

할 수 있습니다. 외우는 것은 중요하지 않습니다. 책을 펴놓고 아이가 여러분에게 배운 것을 설명하게 해 보세요. 수학은 원리 도출 과정이 중요합니다. 사회와 과학은 개념 이해에 초점을 맞춰 설명하고, 국어는 사건의 흐름과 배경에 중점을 두고 이야기하게 해 보세요. 설명하는 과정에서 자녀도 스스로 그 개념을 이해하고, 자연스레 외우게 될 겁니다.

2. 확산적인 사고를 할 수 있는 '거리'를 주기

'확산적인 사고'란 단순한 생각이 아닌 생각의 범위를 넓혀가는 의미 있는 사고과정을 뜻합니다. 그러한 사고를 하기 위해서는 부모가 자녀에게 생각할 거리를 줘야 합니다. 어떠한 과목이든 골라서 주제를 정해 이야기해 보며 궁금한 사항을 질문해 보세요. 단순히 '예(아니요)'라는 답으로 끝날 수 있는 질문보다는 정답이 없는 질문이 좋습니다. 예를 들어 보겠습니다.

- 문제 해결을 위해 어떤 전략을 선택했니?
- 왜 그러한 생각을 했니?
- 그렇게 해야만 하는 이유가 있었니?
- 전에 비슷한 문제를 풀어 본 적이 있니? 그때 해결했던 방법은 무엇이니? 지금과 무엇이 다르니?
- 다른 풀이 방법은 없었을까?
- 더 쉬운(더 좋은, 더 효율적인) 방법은 없었을까?

부모는 자녀에게 끊임없이 질문하여 열린 생각을 하게 해야 합니다. 아이가 여러분의 질문에 당혹스러움을 느낄 수도 있습니다. 하지만 질문에 답하는 것이 익숙해진다면 자기도 모르는 사이에 자녀의 사고력은 대폭 성장해 있을 것입니다.

3. 조건을 바꾸어 생각하게 하기

조건을 바꾸어 문제를 변형하거나 새로운 문제를 만들어 보게 하세요. 숫자나 도형의 모양을 바꾸어 새로운 수학 문제를 만들고 문학 작품에 등장하는 인물의 상황이나 배경을 바꾸어 생각해 볼 수도 있습니다. 과학은 실험 조건을 바꾸어 보고, 사회는 문제 상황이나 해결방안을 변경해 봅니다. 조건을 바꾸어 문제를 다시 만들어 보고 생각하는 것으로 사고의 폭은 넓어지고 개념에 대한 심층적인 이해도 가능합니다.

2번과 3번은 많은 구성주의 교육학자들이 강조한 내용입니다. 구성주의란 학생이 스스로 사고하며 개념을 구성해 나가는 것을 진정한 교육이라 생각하고 그러한 교육방식을 추구하는 것을 말합니다. 그 반대로 전통주의 교육은 선생님이 학생들에게 개념을 알려주고 외우라고 시키는 방식, 흔히 생각하는 옛날 교육방식으로 보면 됩니다. 구성주의 교육은 요즘 교육청 및 학교에서 말하는 '혁신교육' 또는 '혁신학교'와 같은 교육이념을 추구하는 것입니다. 그것이 바로 2번과 3번의 내용과 같은 방식입니다. 가정에서도 같은 방법으로 혁신교육을 실천해 보세요.

3번은 베르트하이머의 문제 해결 4단계 학습법이나 피아제의 교수학습론에도 언급된 내용입니다. 조건을 바꾸어 생각하고 풀어 보는 과정은 메타인지 학습방법이기도 합니다. '메타인지'란 생각에 대한 생각, 인식에 대한 인식, 그 과정을 통해 더 높은 차원에서 생각하는 것을 말합니다. 예를 들어 '내가 아는 것은 무엇이고 모르는 것은 무엇이지?'를 고민해 보고, '내가 모르는 것은 이러한 것이니 앞으로 이렇게 행동해야지!'라고 생각하는 것입니다. 생각에 대해 생각해 보는 것이지요. 아이는 3번 활동을 통해 자신의 생각에 대해 점검하고 내가 무엇을 알고 모르는지에 대해 분석하며 모르는 부분을 보완하기 위해 사고할 것입니다. 이것은 결국 자녀가 공부하는 데 큰 밑거름이 됩니다.

위의 방법들은 단순해 보이지만 이렇게나 많은 교육학자들의 주장과 이론들과 연결됩니다. 그만큼 이 학습법은 중요하고, 계속 반복하다 보면 아이가 스스로 사고하는 습관을 기를 수 있습니다.

영균쌤의 코칭 포인트

의사결정 능력 기르기

전략을 생각하는 공부, 스스로 생각하는 공부법 등은 앞서 말씀드린 라이프 스킬의 의사결정 능력과도 관련이 깊습니다. 자신이 가진 조건과 주어진 환경 속에서 어떠한 목표를 세우고, 어떠한 선택을 할지에 대해 고민하며 학업 측면의 의사결정을 해야 하는 것이지요. 평소 이러한 공부법을 실천한 학생들은 진로설계에서도 진가를 발휘한답니다. 라이프 스킬은 학교생활, 학업, 진로설계 모두와 관련이 참 깊네요.

CHAPTER 3

내 아이를 위한 맞춤형 진로교육

내 아이를 가장 잘 아는 사람은 누구인가요?

아이들은 태어나서 부모를 가장 많이 만납니다. 또한 부모와 가장 오랜 시간 동안 함께 보고 생활하며 따라 배우지요. 그러면서 어느 정도 가치관과 생활습관이 형성되었을 때 학교라는 곳에 입학합니다. 아이들은 학교에서 가르치는 사람을 '선생님'이라고 부르기 때문에, 자신의 부모를 '선생님'으로 보지 않습니다. 사실 부모가 자신에게 가장 중요하고 지대한 영향을 끼치는 선생님인데도 말입니다.

'선생'은 한자로 '먼저 선(先)'에 '날 생(生)'자를 씁니다. 단어 그대로를 해석해 보면 먼저 태어난 사람을 뜻하지요. 즉, 먼저 태어나서 삶의 지식을 많이 익히고 있으며 이를 후대에 전하는 사람들입니다. 그래서 우리가 동네 어르신도 "선생님~" 하고 부르는 게 아닐까요? 이와 같은 맥락으로 부모도 아이들보다 먼저 태어났으니 선생님입니다. 아이들보다 먼저 태어나 삶의 지식들을 익히고, 아이들에게 전수하기 때문이지요. 여러분은 스스로를 자녀들의 선생님이라고 생각해 본 적이 있으신가요?

이런 이야기를 하는 이유는 바로 이번 주제가 바로 '부모님이 아이의 선생님이 되어야 합니다!'이기 때문입니다. 아이들에게 딱 들어맞는 100% 맞춤형 선생님은 바로 부모님입니다. 이 사실을 왜 이렇게 여러 번 강조하는지 이유를 알려드리고 본격적인 이야기를 시작하겠습니다.

학교에서 수업할 때는 다양한 내용의 학습활동을 준비하고 진행합니다. 저는 수업을 하다가 교과목 안에 녹아 있는 진로 관련 요소를 발견하면 바로 진로와 연결해서 아이들에게 가르치고 싶다는 생각을 하곤 하는데, 예를 들어 현재 6학년 2학기 사회 교과의 2단원은 통일 한국, 지구촌의 문제와 세계평화입니다. 그리고 도덕 교과의 5, 6단원의 통일, 지구촌 문제를 다루고 있습니다. 두 과목의 단원들은 비슷한 내용들로 구성되어 있어 교사가 교육과정을 재구성하여 진행하기 정말 좋습니다. 4차 산업혁명 시대에 살고 있는 아이들에게 세계에 필요한 새로운 직업군들을 소개하고, 다양한 인재가 필요하다는 것을 이야기해 볼 수 있는 적절한 단원이기도 합니다.

하지만 그런 생각을 실천에 옮기지는 못했습니다. 교사의 수업은 현실적으로 일대다의 수업이며, 국가 수준의 교육과정을 따라가야 하기 때문에 진로교육을 위해 진도를 늦추거나 수업 시수를 따로 확보하기 정말 어렵기 때문입니다. 결국 아쉬움을 남긴 채 진로교육으로 활용이 가능한 부분을 그냥 넘기게 되는 것입니다. 일상생활 속에서, 생활 전반에서 아이들에게 인성교육과 진로교육을 실천하자는 슬로건은 학교와 교사의 힘만으로는 실현에 한계가 있습니다. 저는 이와 같은 부족한 부분을 보충하기 위해서 각 가정과 지역사회의 협조가 절실히 필요하다고 생각합니다.

제가 근무하고 있는 경기도교육청에는 학생 중심의 교육과정 운영을 비롯하여 세월호 사건으로 인한 안전교육의 내실화 등 다양한 중점 사업과 교육 시책들이 있는데, 특히 강조하고 있는 중요 교육 시책 중 하나가 '교육생태계의 확장'입니다.

흔히 마을교육공동체라고도 하는데, '온 마을이 함께 한 아이를 키운다'라는 말에서 유래되었다고 합니다. 한 아이를 키우는 데 학교(교사)만 필요한 것이 아니라 가정의 관심과 협력은 물론이고, 생활하는 지역사회(유관기관)들의 협조까지 필요하다는 뜻이지요. 교육생태계를 학교 안에서 밖으로 넓히고, 가정과 지역사회, 그리고 타 지역 및 세계로까지 뻗어 나가는 것, 그것이 바로 교육생태계의 확장이라고 풀이할 수 있습니다. 여기에서 다룰 '부모님도 선생님이 되어야 합니다!'는 마을교육공동체와 같은 맥락에 있습니다.

내 아이를 위한 맞춤형 진로교육

우리 아이만의 포트폴리오 만들기
활동지 3을 활용하세요!

여러분도 스승의 날에 학생의 아버지 또는 어머니가 학교에 오셨던 기억이 있을 겁니다. 부모님이 직접 1일 아빠선생님이나 엄마선생님이 돼서 준비해 온 프로그램으로 수업을 했지요. 부모님은 1일 선생님이 되기 위해 어떤 수업을 하면 좋을지, 어떤 교재를 쓸지 연구하고 많은 고민을 하셨을 겁니다. 실제로 학교에서 수업할 때는 서툴게나마 아이들과 함께 호흡을 맞춰 수업을 진행하려고 노력하셨지요. 가정에서 부모님이 선생님이 되는 것 또한 이와 같은 방식이어야 합니다. 학업지도 또는 진로지도에 대해 단순히 학교의 프로그램만 기다리고 바라는 것은 자녀에게 큰 도움이 되지 않습니다. 가정에서 부모님이 직접 내 아이의 맞춤형 선생님이 되어야 합니다.

자녀 교육에 열정을 다하는 부모님이라면 이미 이러한 고민을 하셨겠지요? 다만 구체적으로 어떻게 가르치고, 어떻게 진로교육을 실시해야 할지 감이 잡히지 않을 것 같습니다. 이러한 고민을 해소할 수 있도록 부모가 자녀의 진로 선생님이 될 수 있는 구체적인 방법을 알려드리겠습니다. 이를 통해 아이에게 해 줄 수 있는 요소들을 확인하고 상황에 맞게 적극 실천해 주세요. 활동방법은 순서대로 따라 할 수 있게 단계별로 설명하겠습니다.

STEP 1 교과서 살피기

우선 부모님도 교과서를 살펴봐주세요. 진로교육 이외의 어떠한 교육이든 양질의 교육을 위해서는 다양한 학습 자료가 중요합니다. 하지만 무엇보다 중요한 것은 교육 활동과 자료의 일관성입니다. 학교에서 가르치는 수업과 자녀가 쓰는 학습자료, 그리고 가정에서 활용하는 자료에 어느 정도 일관성이 있어야 합니다. 학교에서 배우는 교과서 자료 이외의 다른 것들도 좋지만 자녀가 공부하는 데 일관성과 효율성을 높이려면 학습의 중심은 학교와 교과서가 되어야 하는 것입니다.

여러분의 자녀들은 학교 교과서, 방과후교실 자료, 학원 자료, 도서관 책 등 이미 넘치는 자료들로 머릿속이 과부하상태일 수도 있습니다. 적으면 8살, 많게는 13살, 이 어린아이들에게 좋은 자료를 끊임없이 제공한다고 해서 과연 그만큼의 학습이 가능할까요? 어른의 기준에서 벗어나 자녀의 기준에서 생각해 보면 당연히 아닙니다. 부모님들도 이 답을 이미 알고 있지만 괜한 걱정과 약간의 욕심 등으로 인해 애써 모른 척합니다. 욕심을 버릴 줄도 알아야 합니다. 그렇기 때문에 다른 것들을 기준으로 하기보다는 자녀가 학교에서 공부하고 있는 교과서를 사용하라는 것입니다.

그렇다면 교과서를 어떻게 봐야 할까요? 먼저 1주 또는 2주 단위로 금요일에 교과서를 집에 가지고 오게 하세요. 모든 교과서를 가져오기 힘들다면 사전에 자녀와 이야기하여 최근에 배운 학교 수업 중 본인이 제일 재미있었거나 궁금했던 부분을 떠올려보게 하세요. 그리고 해당 내용이 있는 교과서를 1권만이라도 가져오라고 하세요. 그리고 교과서를 가지고 오면 관심을 가지고 먼저 내용을 살펴봅니다. 우리 아이가 어떤 내용에 관심을 가졌는지, 왜 그런 부분에 관심을 가졌는지 생각하며 자녀에 대한 이해도를 높여 보세요. 책에 수록된 내용을 100% 꼼꼼하게 정독하지 않아도 괜찮습니다. 대강 어떠한 주제로 교육과정이 구성되었으며 어떠한 내용이 핵심인지만 보면 됩니다.

STEP 2 아이의 관심사 살피기

내용 파악이 끝났다면 아이와 함께 심층적인 대화를 진행해 보세요. 주제는 '아이가 가장 재미있다고 느꼈거나 관심이 갔던 부분, 흥미가 생긴 부분이 어디였는가?'입니다. 주제에 대해 구체적으로 질문을 하고 자녀 또한 구체적으로 대답할 수 있게 지도해 주세요. 대신 질문을 제시할 때 "어디가 재밌었니?"와 같이 단답으로 끝나는 질문은 피해 주세요. "그 부분이 왜 재밌다고 생각했니?" 또는 "이 부분이 실제 우리 생활과 연결되어 있을까?"와 같이 좀 더 사고할 수 있는 질문을 해 주세요. 자녀가 구체적으로 대답하고 나서는 이어서 "왜 그렇게 생각했니?", "특별한 이유가 있니?" 등의 질문으로 아이의 사고 과정을 물어봐 주세요. 그리고는 아이의 이야기를 잘 듣고 적절한 칭과 피드백을 해 주세요. 만약 자신의 자녀가 '그냥?!'이라고 대답한다면 여러분의 노력이 절실하게 필요한 상황입니다. 그 답에 부모가 수긍하는 순간 아이는 본인의 학업과 학교생활, 더 나아가 본인의 인생에서 적나라하게 '그냥' 사는 인생이 될 수 있기 때문이지요. 이러한 경우 아이가 일상생활에서 항상 생각을 하고 목적의식을 갖도록 지도하면 좋습니다.

STEP 3 진로 자료 제공하기

아이와 대화가 끝났다면 해당 내용과 관련된 진로 자료를 주세요. 아이가 흥미를 가지고 대화를 나누는 지금, 진로와 관련된 다양한 교육자료를 보여 주어야 합니다. 앞서 이야기를 나눈 내용과 연관된 직업군을 파악하고 관련 사진이나 동영상, 직업설명, 특징 등에 대한 자료를 같이 탐구해 보세요. 진로교육자료를 구하고 준비하는 것에 부담을 가질 필요는 없습니다. 가지고 있는 자료나 도서가 있다면 적극 활용하고, 더 다양한 자료를 원한다면 '커리어넷' 사이트(https://www.career.go.kr/)를 찾아보세요. 커리어넷 내 '주니어 커리어넷'(https://www.career.go.kr/jr/)은 초등학생이 활용하기 좋도록 잘 정리되어 있습니다.

자녀의 관심 분야가 상당히 세부적이거나 더욱 심층적인 자료가 필요하다면 포털사이트 및 유튜브에서 관련 분야를 검색하세요. 정보의 바다인 인터넷에 존재하는 동영상, 기사, 인터뷰 등 직업 관련 자료라면 어떤 것이든 좋습니다. 꼭 직업이 아니어도 괜찮습니다. 해당 분야에 대한 정보나 이슈만으로도 자녀와 생각해 볼 거리가 있다면 충분합니다. 자녀와 함께 진로지도 자료를 찾는 이 활동이 제일 막연할 수 있습니다. 하지만 이 활동은 없어서는 안 될 중요한 활동이고, 자녀보다는 여러분의 노력이 절대적으로 필요한 단계입니다. 내 자녀의 맞춤형 선생님이 되기 위한 일종의 자격시험이라 생각하고 자녀와 함께 자료를 찾아보세요.

STEP 4 직업 탐색하기

자료를 보고 해당 직업에 필요한 것과 장점, 단점을 파악해 보세요. 단, 주의할 점이 있습니다. 커리어넷이나 기타 정리된 자료를 활용하는 경우에는 각 요소들이 정리된 부분을 자녀에게 먼저 보여 주지 마세요. 정리된 자료를 먼저 보여 주면 결국 자녀에게 '생각할 기회'를 빼앗는 격이 돼 버립니다. 따라서 이전에 탐색한 직업에 대해 아이가 생각하는 해당 직업에 필요한 요소, 장점, 단점이 무엇인지 스스로 생각해 보게 하세요. 충분한 사고과정과 대화를 거치고 난 뒤에 구체적인 자료를 주세요. 맞는 부분은 적극적인 칭찬을 해 주고, 사실과 다른 부분은 추가 자료나 이야기를 통해 생각을 바꾸어 주세요.

STEP 5 나와 직업 비교하기

앞서 생각한 '직업군의 특성'과 '자신의 특성'을 비교해 보는 시간을 가집니다. 자녀가 생각하는 자신의 특징, 장점, 단점에 대해 말해 보게 하세요. 자녀가 아직 어려서 스스로에 대해 파악하기 어려워한다면 "○○이가 주변 친구들이나 선생님에게 자주 듣는 말은 뭐가 있니?", "들었던 여러 가지 칭찬 중에 제일 많이 들었거나 기억에 남는 칭찬이 있니?"와 같이 추가질문을 해서 생각해 보게 하세요. 이러한 방법으로도 확인이 되지 않는다면 커리어넷의 진로적성검사 및 흥미검사, 성격유형검사 등 다양한 검사를 해 봐도 좋습니다.

그렇게 정리한 자신의 특성과 앞서 분석한 직업군의 특성을 비교하여 어떠한 차이가 있는지 생각해 보는 시간을 갖습니다. 여기서 중요한 점은 장점(잘할 수 있는 점)보다 단점(극복해야 하는 점)에 초점을 두고 생각하면 좋다는 것입니다. 예를 하나 들어 볼까요? 배우자를 고를 때 서로의 성격이나 가치관을 제일 먼저 고려하게 됩니다. 좀 더 딱딱하게 말하자면, 각자의 특성을 얼마나 조율이 가능한지를 따져서 이 사람과 관계를 유지할 수 있는지를 판단한다고 할 수 있습니다. 서로가 가진 특성 10가지가 있다고 했을 때, 9가지가 너무 잘 맞아도 1가지가 조율이 되지 않는 사람이 있을 수 있습니다. 또는 10가지 중 7가지가 잘 맞고 3가지가 안 맞지만 그 3가지에 대해 조율이 가능한 사람이 있을 수도 있지요. 두 사람 중 선택해야 하는 경우라면 사람들은 후자를 많이 선택할 것입니다. 비록 안 맞는 가짓수는 많을지라도 전부 조율이 가능하니까요. 조율이 되는지 안 되는지가 제일 중요한 요소이기 때문입니다.

진로를 선택하는 것도 마찬가지입니다. 내가 직업과 얼마나 많은 점들이 겹치는지를 보는 것보다는 내가 이 직업을 가지면 스트레스 받지 않고 조율하며 행복하게 살 수 있는가를 생각해야 합니다. 그렇기 때문에 직업군의 장점만을 보기보다는 단점을 중심으로 생각해야 합니다. 직업군의 단점과 자신의 단점이 어떤 관계가 있는지 고려해 보고, 우려되는 부분이 극복 가능한지를 고민해 보게 합니다.

STEP 6 셀프 모델링해 보기

직업과 자녀에 대한 심층 분석이 끝났다면 Self-Modeling을 해 볼 차례입니다. 앞서 분석한 내용을 토대로 직업에 필요한 요소를 만족시키기 위해 나의 장점을 어떻게 활용할 수 있을지 토의해 봅니다. 반대로 직업의 특성과 겹치는 나의 단점은 어떻게 하면 극복하면 좋을지 해결방법을 생각해 봅니다. 그리고 그 해결방법들을 생활 속에서 어떻게 실천할지 고민하고 행동으로 옮기기로 약속합니다.

예를 들어 자녀가 '소방관'이라는 주제로 진로학습을 진행 중이었다고 가정해 봅시다. 자녀가 직업의 단점으로 밤에도 일해야 하는 점을 꼽았습니다. 그리고 자신의 단점으로는 잠이 많고 게으른 점을 꼽았습니다. 이 두 가지가 충돌해서 자녀는 '내가 소방관을 할 수 있을까?' 하는 고민에 빠지게 됩니다. 여기서 소방관이 되기 위해서는 자녀가 어떻게 하면 좋을지 생각해 보게 합니다. 규칙적인 생활을 하고 정해진 일들은 바로바로 하며 연습하기와 같은 해결방법을 이끌어내는 거지요. 그리고 이를 생활 속에서 꾸준히 실천하게 하며 진로지도와 생활지도 방법으로 활용합니다. 이 과정에서 자녀가 '내가 하는 이 행동들이 소방관의 꿈에 다가가고 있다!'고 생각할 수 있게 격려해 주세요.

Self-Modeling이라는 용어는 거창하지만 간단히 말하면 자신의 모습을 비추어 보고 다짐하는 활동입니다. 이 활동은 심리학자 반두라의 모방이론과도 관계가 있습니다. 원래 모방이론은 도덕적으로 모범이 되는 예시를 보고 지속적으로 따라 하며 그것에 대한 동경과 열망으로 자신의 모습을 모범에 일체화시킨다는 내용을 담고 있습니다. 그렇기 때문에 어른들이 아이들에게 도덕적 · 윤리적으로 모범이 되어야 한다고 이야기하는 것이지요.

이것을 진로교육 활동에 접목시켜 보면 자녀는 각 직업군에 대한 특성과 자신 스스로를 분석하게 됩니다. 그리고 그 사이에 발견된 차이점을 극복하기 위한 해결방법들을 구상합니다. 그 해결방법이 결국 스스로의 모범상이자 모델이 되는 것입니다. 그리고 자신의 모범상(모델)에 다가가기 위해 반복적으로 다짐하고 행동으로 실천하기 위해 노력합니다. 이 과정은 진로교육을 실천하며 인성교육까지 꾀할 수 있는 방법입니다. 이렇듯 부모가 조금만 더 생각하고 노력한다면 진로교육을 통해 생활지도와 인성교육까지 실천할 수 있습니다. 우리 모두 교육 활동 한 번에 진로와 인성, 두 마리의 토끼를 잡아봅시다.

STEP 7 진로 한 줄 포트폴리오 만들기

마지막으로 이러한 탐구과정을 정리할 '진로 한 줄 포트폴리오'를 작성합니다. 지금까지 직업군과 자신을 비교분석하며 생각했던 내용을 정리해야 합니다. 장점을 어떻게 더 잘 활용할지 고민한 장점 강화방안을 한 줄 적습니다. 그리고 겹치는 단점을 어떻게 보완할지 생각하는 단점 보완방안 한 줄도 적습니다. 마지막으로 앞으로 어떻게 노력할지 종합적으로 생각하는 자신의 다짐(모델링) 한 줄을 적고 마무리합니다.

활동을 실시할 때마다 여러 직업군에 대한 한 줄 포트폴리오가 누적될 것입니다. 이 과정이 반복되면서 자녀는 자신의 특성을 조금 더 세밀하게 파악하고, 진로에 대해 심층적으로 접근하게 됩니다. 뿐만 아니라 가정에서 교과서를 활용하는 활동이기 때문에 학습지도까지 가능합니다. 이러한 내용을 이야기하면서 자녀는 학교에서 배웠던 핵심개념을 다시 한 번 생각하게 되기 때문입니다. 진로교육, 인성교육에 학습지도까지 더해지는 일석삼조가 아닐까요? 이제 아이를 불러 교과서를 가지고 오게 하세요. 그리고 이번 주부터 실천해 보기 바랍니다.

영균쌤의 코칭 포인트

커리어넷 활용법

커리어넷에는 교과서와 연계한 진로교육 활동을 쉽고 유용하게 하기 위해 지도 교안과 활동지가 공개되어 있습니다. 해당 자료를 활용해서 앞에서 설명한 교육법을 실천하면 자녀가 자신의 진로에 대해 탐구해 보는 좋은 가정 진로교육이 될 것입니다.

커리어넷 〉 진로교육자료 〉 교과연계 진로교육자료실 〉 초등학교 교과연계 진로교육 교수 학습 프로그램

진로교육에서 가장 중요한 것은 무엇인가요?

지금까지 가정에서 자녀를 어떻게 공부시켜야 할까에 대해 설명했습니다. 단순한 공부를 떠나 전략수립능력과 사고하는 습관을 기르는 것이 중요하다는 것과 부모님이 자녀의 맞춤형 선생님이 되어 학교 공부와 진로교육을 병행할 수 있는 방법을 알려드렸습니다. 이러한 일련의 과정에서 가장 중요한 공통점은 무엇이라고 생각하나요? 이미 눈치챈 분도 있겠지만, 가장 중요한 부분은 바로 부모와 자녀 사이의 '대화'입니다. 대화는 오고 가는 이야기를 통해 서로를 이해하고, 다양한 분야와 관련하여 사고를 확장시켜나갈 수 있지요. 많은 자녀교육 도서에서 '의사소통'을 중요시하는 데에는 다 이유가 있습니다.

자녀가 학습 내용에 대해 자신의 입으로 표현하고 몸에 익히는 것, 그러한 과정에서 진정한 사고과정이 발달되고, 머릿속에 오래 기억됩니다. 또한 생활에 대해서 생각하고 부모와 함께 대화를 나누는 것 자체가 또 하나의 생활 지도가 되지요. 더불어 부모와 자녀 사이의 즐거운 수다시간인 동시에 레포(관계)를 형성하고 공감대를 나누는 상담시간이 되기도 합니다. 공부든 생활이든 항상 부모와 자녀가 대화를 나누어야 합니다.

이러한 방법을 강조하면 많은 부모님은 이렇게 답할 것 같습니다.

"우리 아이는 아무리 말을 걸어도 대답을 잘 안 해요."

"이미 해 봤는데 아이랑 대화가 이어지지 않아요."

"너무 바쁘고 피곤해서 대화할 시간이 없어요."

각 가정의 상황도 다양하고 부모님과 아이들의 특성도 가지각색이기 때문에 어떤 방법이 정답이고 만능이라고 말할 수는 없습니다. 하지만 초등학교 교사로서 많은 아이들을 보고 교육론을 연구하며 알게 된 사실은 아이들은 아직 생각보다 더 미성숙한 존재라는 것입니다.

단순히 부모의 입장에서 아이들을 어리다고 생각하는 것과는 다른 방식으로, 교육학적 접근으로 아이들을 바라보면 '사고의 미성숙함'이 있다는 것입니다. 공부에 초점을 두고 예를 들어 보면, 아이들은 효율적으로 학습하는 법을 모릅니다. 그리고 그 방법 자체를 터득하는 것을 많이 어려워합니다. 그럴 때 필요한 것이 선생님이겠지요. 하지만 학교에서 아무리 노력해도 1명의 교사가 책임져야 하는 학생이 수십 명이고, 일대일로 대화할 시간은 현저히 적기 때문에 온전히 한 학생에게 맞춰주기는 어렵습니다. 따라서 가정에서 더욱 시간을 내서 자신의 자녀에게 필요한 맞춤형 지도를 해야지만 더 효율적으로 학습이 가능해지는 것입니다. 그 과정에 필요한 것이 '대화'인 것이지요.

자녀에게 물어보고 함께 대화하고 대답을 주고받는 것, 그것이 진정한 교육이자 학습입니다. 그 과정에서 자녀를 살피고 격려하며 스스로 사고하는 힘을 기르게 해 주세요. 각 가정의 상황에 맞게 전략수립능력과 스스로 사고하는 습관을 기르도록 노력해 봅시다. 일주일 단위든 한 달이든 좋습니다. 짧은 시간이라도 짬을 내어 실천해 보세요.

처음에는 어색한 부분도 있을 것입니다. 하지만 대화를 나누며 사고를 확장시켜나가는 그 자체만으로도 아이에게는 유의미한 학습입니다. 한 아이의 부모로서, 가정 선생님으로서 의사소통과정에 적극적으로 참여한다면 아이는 능동적인 학습자가 되어 있을 것입니다. 그러한 과정을 반복적으로 경험한 아이들은 학업, 생활에서 문제 상황이 생겼을 때 전체를 바라보고 효율적인 전략을 선택하며 매 순간을 자신을 성장시키는 계기로 만들 것입니다. 이러한 과정이 자녀의 진로설계를 뒷받침할 것이며, 행복한 인생을 찾아갈 수 있게 만들 수 있을 것이라고 확신합니다.

PART 5

어떻게 놀게 해야 할까?

우리 아이는 여가시간을 낭비하는 것 같아요

여가생활은 참으로 중요합니다. 우리는 살면서 여가생활에 관심을 갖고 즐기며 개인의 상황에 맞게 변형시키고 발달시켜 나갑니다. 포털사이트에 '여가생활'이라는 한 단어만 입력해도 관련 정보들이 끊임없이 검색됩니다. 그만큼 사람들은 여가생활에 많은 관심을 가지고 있고, 이를 통해 행복한 삶을 누리고 싶어 합니다.

여러분도 '워라밸'이라는 말을 아실 겁니다. 1980~1990년대생들은 '워라밸'이라는 신조어를 만들어 진로선택의 새로운 기준을 확립했습니다. 워라밸은 일과 삶의 균형, 즉 Work-life balance를 뜻하는데 워크 앤 라이프 밸런스의 앞 글자를 딴 말입니다. 업무와 사생활(여가)을 구분하여 두 분야가 균형을 이루어야 한다는 것입니다. 워라밸을 중요하게 생각하는 사람들은 여가를 즐기지 못하는 삶을 배제하고, 경제적인 소득이 높더라도 여가가 보장되지 않는 직장은 선택하지 않습니다. 이러한 문화를 살펴봐도 우리가 삶에서 여가생활을 얼마나 중요하게 생각하는지 알 수 있습니다.

우리 아이들에게도 분명 여가생활은 중요하고 소중할 것입니다. 그렇다면 아이들에게 여가생활이란 무엇일까요? 이 주제로 진지한 대화를 나누어 본 적이 있나요? 아이들은 여가생활을 단순히 '자유 시간' 또는 '노는 시간' 정도로 생각하기 쉽습니다. 무언가를 자유롭게 할 수 있는 시간이자 원하는 것을 할 수 있는 시간인 것입니다.

하지만 여기서 말하는 '자유'라는 단어에서 짐작할 수 있듯이 학생들의 여가시간, 즉 자유 시간에는 예측 불가능한 많은 일들이 발생합니다. 부모의 입장에서 보면 아이들의 행동이 눈살이 찌푸려질 때도 있겠지요. 여러분도 '저런 행동은 하지 말았으면 좋겠는데' 또는 '의미 없는 활동보다는 학업에 도움이 되거나 본인에게 도움이 되는 활동을 했으면 좋겠는데'라는 생각을 하고 있지는 않나요? 하지만 자녀의 입장에서는 여가시간은 '자유롭게 활용하는 시간'이기 때문에 부모의 이런 의견을 듣게 되면 괜히 자책하거나 부모에게 거리감을 느낄 수 있습니다.

어떤 학생들은 학교에 와서 친구들에게 자신의 여가생활을 마음껏 뽐냅니다. "나는 주말에 컴퓨터 게임을 3시간이나 했어"라고 자랑하거나 "주말에 엄마가 매니큐어를 새로 사 주셨어. 나 취미로 네일아트를 해 보고 있어!"라고 말하기도 합니다. 이 말을 들은 다른 아이들이 '우리 부모님은 그런 거 허락 안 해 주시는데… 좋겠다…'라고 이야기하는 것을 종종 들을 수 있지요. 이것은 각 가정에서 허용하는 자유의 범위가 다르고 부모와 아이의 가치관에 차이가 있기 때문입니다. 그러다 아이와 갈등이 생기면 부모는 고민에 빠지게 되고, 상담주간에 학교에 와서 많이들 물어봅니다.

"아이들이 ~한 것들을 하고 노는데 어떻게 해야 할까요?"

"다르게 놀 수 있는 방법은 없을까요?"

한마디로 아이의 놀이가 불안해 보인다는 말입니다. 그리고 안전하면서 교육적 효과도 있어서 아이에게 도움이 되고 부모도 만족시켜줄 수 있는 놀이 방법을 찾는 것이지요. 사실 자녀의 만족을 기대하기보다는 부모님이 만족하고 싶어 하는 것 같습니다. 이렇듯 부모와 자녀 사이에는 여가에 대한 괴리감이 항상 존재합니다.

어떻게 하면 부모와 자녀, 모두가 만족하는 여가생활을 누릴 수 있을까요? 어떻게 하면 아이는 자유롭게 놀고 부모는 안심할 수 있을까요? 여기에서는 아이들을 어떻게 놀게 하면 좋을지에 대해 다뤄 보려고 합니다. 교육적으로도 좋고 진로교육과도 연계가 가능하며 무엇보다 안전하게 노는 방법에 대해 알아보겠습니다.

'놀기'에 대한 부모와 아이의 입장 차이

6학년 학생 26명과 부모님 26명을 대상으로 여가활동(노는 시간, 노는 방법)에 대한 간단한 설문조사를 실시해 본 적이 있습니다. 학생들에게는 어떻게 놀고 있는지 물었고, 자신이 노는 방법에 대한 부모님의 생각을 추측해 보는 문항을 넣었습니다(중복선택 가능). 부모님에게는 자녀가 노는 방법에 대한 부모님의 입장(만족하는 점, 불만족스러운 점, 희망사항 등)을 물었습니다. 양쪽 입장에는 공통점이 있었고, 분명한 차이점도 있었습니다. 설문결과를 살펴보도록 하겠습니다.

학생 Q1. 내가 집이나 학교에서 노는 방법은?	
휴대폰 만지기(유튜브, 웹툰, 웹소설, 인터넷, 게임, SNS 등)	20명
개인 취미 활동(그림 그리기, 반려동물 기르기, 뜨개질, 메이크업, 장난감 등)	9명
친구, 가족과 대화하며 놀기	7명
운동	3명

학생들은 대부분의 여가시간을 미디어와 접촉하며 보내고 있었습니다. 여가시간을 개인의 자유 시간으로 생각하는 경향이 있었지요. 학업과 관련된 활동을 하며 시간을 보내는 학생은 한 명도 없었으며 평소 하고 싶었던 활동을 하는 것이 대부분이었습니다. 이 중 긍정적인 부분은 몇몇 가정에서는 부모님의 적극적인 지원하에 학생이 진로와 관련된 다양한 취미 활동을 하고 있다는 점이었습니다.

학생 Q2. 내가 노는 방법에 대한 부모님은 어떻게 생각하고 계실까?	
휴대폰, 게임 등 시켜주시긴 하되 하지 말라는 제한이 있고, 놀더라도 내가 할 것은 다 하고 놀기 바라신다.	13명
휴대폰, 컴퓨터 시간을 줄이라고 하신다.	5명
독서, 공부를 자주 하길 바라신다.	5명
다른 것보다 가족, 형제와 이야기하며 놀라고 하신다.	3명
시키시는 것들이 많아 자유 시간이 없다. 노는 시간을 정해 주셨으면 좋겠다.	1명

학생이 추측한 부모님의 생각은 평소 자주 듣는 말이나 갈등상황에 있었던 일들을 바탕으로 한 답변들인 것으로 생각됩니다. 그래서인지 대부분의 답변은 부모님의 요구사항을 중심으로 적혀 있었습니다. 대부분의 부모님들은 학생들의 제한된 자유를 보장해 주었고, '그 자유 안에서는 대부분의 활동을 허락해 주지만 그냥 하지 말라고 한다'고 느낀다는 답변이었지요.

학부모 Q1. 자녀가 노는 방법(여가시간 활용)에 대한 부모님의 의견은?	
휴대폰 사용(유튜브, 인터넷, 게임 등)에 대해 절제가 필요하다.	21명
독서 활동이나 공부를 했으면 좋겠다.	7명
건전한 개인 취미 활동을 했으면 좋겠다.	4명
가족과 함께 노는 시간을 가졌으면 좋겠다.	3명

부모님은 자녀의 휴대폰 및 TV, 컴퓨터 사용에 불만이 많습니다. 특히 수많은 미디어를 접하는 환경에 대해 걱정하고 자녀의 절제력 부족이 문제라고 생각하고 있었습니다. 자녀 스스로가 자신의 행동을 절제하고 학업 및 생활에 도움이 되는 생산적인 활동을 하기를 기대한다는 특징이 있었지요.

부모님들의 의견을 수집하면서 담임 교사로서 아쉬운 부분이 한 가지 있었습니다. 바로 자녀의 여가생활을 '자유 시간'으로 생각하기보다 공부나 학업에 활용되는 시간이기를 바란다는 점이었습니다. 또 아이들 중 7명이 가족과 함께 이야기하고 놀고 싶다는 의견을 낸 반면, 부모님 중에 가족과의 시간을 언급한 분은 3명뿐이었습니다. 더불어 아이들의 휴대폰 및 미디어 절제력을 기대하면서도 추가적인 대안을 제시하는 분은 극히 드물었습니다.

전수조사는 아니기 때문에 수집 표본이 많지는 않습니다. 하지만 이 안에서도 명확한 결과는 보입니다. 아이들은 오롯이 흥미와 취미를 발산하는 자신만의 자유 시간을 원했습니다. 하지만 부모는 조건적인 자유를 누리되 생산적인 활동을 원합니다. 그리고 그 생각을 대안 없이 자녀에게 강조하고 그로 인해 아이들은 갈등을 느끼고 있었습니다. 사실 이러한 결과는 여러분도 충분히 예상했으리라 생각됩니다. 상황은 이렇게도 단순명료한데 우리는 왜 그동안 갈등만 겪으며 해결은 하지 못한 것일까요?

우리 어른들이 원하는 자녀들의 여가생활이란 과연 누구를 위한 시간일까요? 아이들의 만족보다 부모들의 만족이 우선이기를 바라고 있지는 않나요? 아이의 여가시간을 100% 아이를 위해, 또 아이의 만족을 위해 계획하고 활용하라는 것은 아닙니다. 다만 아이들이 자유시간을 조금 더 즐길 수 있도록, 그리고 그 안에 어른들의 바람이 자연스럽게 녹아들도록 치밀하게 계획하고 접근해야 한다는 것입니다.

왜 우리 아이는 휴대폰만 볼까요?

요즈음 아이들은 스마트폰 없이는 세상을 살 수 없는 것처럼 생각하고 행동하는 것 같습니다. 제가 어릴 때만 해도 스마트폰 없이 잘 살았는데 말이지요. 이렇게 '라떼는 말이야~' 하고 말하면 아이들은 '아~ 아재선생님~' 하고 받아치기도 합니다. 아이들은 선생님의 농담쯤으로 생각하는 것 같지만 사실 진심입니다. 옛날에는 정말 그런 것 없이도 즐겁게 잘 놀았잖아요. 그래도 이런 기성세대의 마음은 잠시 내려놓고 아이들의 입장에서, 교사의 입장에서 그 원인을 분석해 보겠습니다.

아이들은 여러 의미로 자기중심적입니다. 초등학생 기준으로 저학년일수록 더욱 그러하며 충동적인 모습을 보이지요. 흥미가 없는 대상은 더 이상 자신에게 다가올 수 없게 하고, 반대로 흥미를 가지면 상대가 거부해도 어떻게든 쟁취하려고 합니다. 흥미를 갖고 무언가를 하려고 하는 의지, 그것을 '동기'라고 부를 수 있습니다. 따라서 학교 수업도 '동기 유발'로 시작합니다. 학생들의 내적 동기를 자극하지 못하면 그 어떤 교육적 목표도 달성할 수 없기 때문입니다. 그만큼 학생들의 동기는 중요합니다.

아이들이 휴대폰이나 미디어에 집중하는 이유는 무엇일까요? 이에 대한 해답을 동기로 설명할 수 있습니다. 아이들이 휴대폰에 매달리는 이유는 첫째, 나에게 맞는 즐거움을 주기 때문입니다. 둘째, 자신이 관심 갖는 분야에 대해서 구체적으로 알 수 있기 때문입니다. 마지막 세 번째 이유는 친구들과 함께할 수 있기 때문입니다. 이러한 요소들이 아이들의 내적 동기를 아주 강하게 자극하는 것이지요. 그래서 아이들은 휴대폰을 가지고 부모와 종종 갈등합니다. 결국 휴대폰은 부모와 자녀 사이에 골칫거리이자 해결해야 할 문제가 돼 버리고 맙니다. 이에 대한 고민을 해소하기 위해 여러 가지 가정을 해 보겠습니다.

첫 번째, 휴대폰보다 즐거운 무언가가 등장한다면 아이들은 어떻게 반응할까요? 당연히 다른 무언가에 끌릴 것입니다. 언젠가 아이들이 "휴대폰이 재밌어서 하기보다는 다른 재밌는 것이 없어서 휴대폰을 해요!"라고 말한 적이 있습니다. 재미있는 것을 발견하지 못하는 아이들이 휴대폰에 빠지는 것이기도 한 것입니다. 그렇기 때문에 아이들에게 무언가 새로운 흥미 요소를 제공하면 그곳에 집중합니다. 하지만 매번 새롭고 흥미로운 것을 찾는 것은 한계가 있지요. 이러한 한계를 뛰어넘는 것이 휴대폰과 여러 매체인 것입니다. 휴대폰은 정보화 시대에 걸맞게 워낙 콘텐츠가 다양해서 이 세상 그 누구의 입맛도 자유자재로 맞출 수 있습니다. 하지만 이를 능가하는 100% 자녀 맞춤형 활동을 부모가 제시한다면 어떻게 될까요? 휴대폰과 컴퓨터의 인공지능 기술도 부모를 이길 수는 없을 것입니다.

두 번째, 자신이 관심 갖는 분야에 대해서 더욱 자세히 알 수 있는 방법이 생긴다면 어떨까요? 이 경우도 마찬가지입니다. 사춘기에 접어드는 여자아이들은 꾸미기를 좋아하고 외모에 관심을 가지기 시작합니다. 스스로의 능력만으로는 직접 외모를 꾸미기 어렵기 때문에 유튜브를 찾아보고 인터넷을 뒤져보기 시작합니다. 이때 만약 부모가 이를 적극적으로 지지하며 뷰티용품이나 책을 사거나 직접 같이 체험할 수 있는 기회를 만들어준다면 아이들은 어떻게 느낄까요? 이제 아이는 휴대폰과 멀어지고 부모와 가까워지며, 자신의 새로운 취미 활동에 집중하게 될 것입니다. 실제로 앞에서 소개한 설문에 참여한 한 학생은 네일아트를 해 보고 싶었는데 부모님이 용품을 사 주셔서 다양한 도전을 해 보고 있다며 기쁘다고 답하기도 했습니다.

세 번째, 친구들과 함께하는 새로운 놀 거리가 생긴다면 어떻게 될까요? 아이들은 시간적 · 공간적인 한계를 뛰어넘어 친구들과 함께하기 위해서 휴대폰을 만집니다. 그렇기 때문에 친구들과 놀 수 있는 공간과 기회가 자주 마련된다면 아이는 휴대폰과 쉽게 멀어질 수 있습니다. 아이들은 초등학교에 입학하고 1학년에서 6학년까지 성장하며 또래집단의 중요성을 깨닫습니다. 내가 바라보는 나보다는 주변에서 바라보는 나를, 가족보다는 친구들의 시선을 신경 씁니다. 그 무리에서 제외되지 않기를 바라고 그 무리 속에 언제나 내가 존재하길 바랍니다. 그것이 아이들의 인간관계이자 사회생활이기도 합니다. 그래서 휴대폰을 사용하게 되지요. 내일 친구들과 떠들 때 내가 모르는 SNS의 이슈가 없도록, 친구들과 같이 웃고 떠들 수 있도록, 함께 즐기며 심리적 안정감을 느낄 수 있기를 원합니다. 이러한 근본적인 요소들을 제거할 환경을 만들어주어야 휴대폰과의 전쟁을 끝맺을 수 있습니다.

국어 수업 시간에 반 아이들이 비슷한 맥락의 이야기를 해 준 적이 있습니다. 5학년 국어 1학기 1단원은 '대화와 공감'입니다. 단원을 마무리할 때 친구들의 고민을 들어주고 상대방을 배려하며 자신이 생각한 해결책을 제시해 주는 활동이 있는데, 한 친구가 '컴퓨터를 너무 많이 해서 고민이에요! 어떻게 하면 컴퓨터 하는 시간을 조절할 수 있을까요?'라고 털어놓았던 것이지요. 고민을 들은 다른 친구들의 답변은 무엇이었을까요?

친구의 고민에 대한 아이들의 답은 생각보다 단순하면서도 명확했습니다.

"친구가 컴퓨터 게임에 빠져 생활이 되지 않고 부모님과 다툴 수도 있으니 건전하고 새로운 취미를 찾게 도와줘요!"

"가족이나 친구가 함께 놀아 주면서 컴퓨터와 멀어지게 해요!"

"컴퓨터 사용하는 시간을 정해놓고 스스로 조절하는 능력을 기르게 해요!"

언뜻 보기에 이러한 해결방법은 너무나 쉽고 뻔합니다. 하지만 핵심을 명확하게 간파하고 있기도 합니다. 우리 어른들도 천천히 생각해 보면 답을 찾을 수 있습니다. 하지만 바쁜 일상 속에서 자신의 삶과 부모의 삶을 양립하는 데 벅차서 때로는 마음 한편에 밀어두곤 하는 것이지요. 사실 아이들도 이미 알고 있는 것 같습니다. 컴퓨터, 휴대폰, 스마트기기를 찾는 이유와 그것과 멀어지는 방법을 말입니다.

이제는 이러한 상황을 문제 삼고 자녀에게 불만을 갖기보다는 어떻게 해결할지를 생각해 보고 실천할 필요가 있습니다. 자, 이번에는 고민들을 타파할 대안들을 제시해 보겠습니다. 자녀들과의 대화시간을 확보하고 가족과 함께하는 시간을 늘리라는 추상적인 조언보다 현직 교사로서 어떻게 하면 학교의 진로교육을 가정으로 연장시켜 진로교육을 할 수 있는지 구체적으로 설명하겠습니다. 자, 아이들과 함께 진로교육에 참여하며 놀아볼까요?

기록은 왜 중요한가요?

여러 가지 활동들을 설명하기 앞서 가장 중요한 것을 하나 언급하겠습니다. 바로 '기록의 중요성'에 대한 이야기입니다. 매년 11월이 다가오면 전국은 수능 관련 소식으로 떠들썩합니다. 수시나 입학사정관제에 대한 이야기도 나오지요. 특히 입학사정관제와 관련하여 가장 많이 거론되는 것이 '포트폴리오'인데, 이 포트폴리오는 대학을 넘어 취업시장과도 관련이 있습니다. 그만큼 포트폴리오는 현대사회에서 떼어낼래야 뗄 수 없는 존재가 돼 버렸지요.

'고등학교에 입학하면 스펙을 쌓아야 한다던데?', '포트폴리오를 준비해야 한다던데?' 등 부모님들의 걱정이 들려옵니다. 요즘은 공부만 잘해서는 좋은 대학에 갈 수 없다고도 하지요. 우리가 거창하게 생각하고 어렵게 여기는 포트폴리오는 사실 '기록'일 뿐입니다. 다이어리에 일기를 쓰거나 좋아하는 사람에게 지속적으로 마음을 표현하는 편지를 쓰는 것, 모두 하나의 기록이지요. 이러한 기록에 반복, 누적, 변화라는 키워드들을 더해 주면 포트폴리오가 됩니다.

포트폴리오와 관련해서 학교 평가에 대한 이야기를 해 보겠습니다. 여러분은 평가라고 하면 어떠한 것들이 떠오르나요? 객관식 평가? 주관식 평가? 논술형 평가? 최근에는 정말 다양한 평가방법들이 등장했지요. 그리고 일반적으로 90점을 맞은 아이가 20점을 맞은 아이보다 더욱 좋은 평가결과를 받을 것이라고 생각하게 됩니다. 하지만 낮은 점수를 받은 친구가 훨씬 좋은 평가를 받는 경우도 있습니다. 요즘에는 성장 참조형 평가라고 하여 평가기준이 조금 달라졌기 때문입니다. 이것이 무슨 말이냐 하면, 90점 맞은 아이가 열심히 노력해서 100점을 맞은 것보다 20점을 맞았던 아이가 노력해서 70점을 맞았을 때, 즉 성장을 많이 한 경우에 더 좋은 평가를 내리는 방식도 있다는 것입니다.

"앗! 그러면 공부를 잘하는 아이는, 100점 맞던 아이는 평가에서 더 이상 오를 곳이 없는데 너무 불리한 것 아닌가요?"라고 걱정이 될 수 있습니다. 저 또한 과정의 평등은 있어도 결과의 평등은 옳지 못하다고 생각합니다. 그래서인지 보통 성장 참조형 평가는 점수가 정량화된 객관식 평가보다는 프로젝트 평가나 포트폴리오 평가에 주로 활용됩니다. 얼마나 많이 맞혔느냐보다 얼마나 더 알게 되었는지, 이전에 비해 얼마나 성장하게 되었는지, 가치관이나 생활 태도가 얼마나 긍정적으로 변화했는지 등을 포트폴리오를 통해 평가하는 것입니다. 대학이나 기업에서 포트폴리오를 요구하는 경우도 이러한 목적과 의미를 추구하는 것이지요.

포트폴리오의 중요성을 강조하기 위해 조금 긴 이야기를 풀었습니다. 결론은 앞으로 진로교육을 위해 여러 활동을 진행할 때 각각의 활동을 기록으로 남기라는 것입니다. 공책을 정해서 활용하거나 파일철을 만드는 등 편한 방법으로, 나만의 방식으로 기록을 쌓게 하세요. 포트폴리오의 핵심은 기록의 누적이며, 기록이 쌓여가는 과정에서 본인이 얼마나 변화하고 성장했는지를 찾아나가는 것입니다. 초등학생 진로교육의 목적인 자신 스스로를 이해하고 자아개념을 형성하며 다양한 직업 정보를 탐색하는 것, 이 목적에도 부합하도록 아이가 자신을 찾아나가는 과정을 기록하게 해 주세요.

그리고 진로교육을 진행하는 과정 중간중간에 이전 기록을 찾아보며 이야기를 나누어 보세요. 아직 철없는 12살의 짧은 인생이지만, 작년과 올해는 이렇게 다르다는 것을 느끼게 하는 것이지요. 처음에는 '내가 이런 아이였구나', '지금은 이렇게 변했네', '앞으로 목표를 이루기 위해 얼마만큼 더 노력해야겠구나'라는 정도로 생각하게 해 주세요. 어떤 교육이든지 본인이 스스로 직접 느끼는 것이 가장 중요합니다. 진로는 한순간에 정할 수 없으며, 한 번에 준비하고 한 번으로 끝나는 것이 아닙니다. 오랜 세월에 걸쳐 준비하는 진로설계 과정에서 포트폴리오를 함께 준비해 주세요.

CHAPTER 1

놀이 방법 1 -
마을교육공동체 활용하기

놀면서 체험하는 장(場)을 마련해 주세요

아이들에게는 새로운 놀 거리가 필요합니다. 단순히 '휴대폰 하는 시간을 줄여라', '독서시간을 늘려라', '친구들이랑 노는 것도 좋지만 본인을 위한 시간을 가져라'라고 말하는 것은 아이들에게 전혀 효과가 없습니다. 아이들이 놀면서 교육적이고 생산적인 활동을 하기 바란다면 그러한 자료나 기회를 마련해 주어야 합니다. 어린 초등학생 아이들이 혼자 알아서 잘 놀고 그 과정에서 자제력을 키우며 무언가를 배운다는 것은 매우 어려운 일이지요.

이에 대한 한 가지 해결방안으로 마을교육공동체를 활용하는 방법이 있습니다. 마을교육공동체란 교육을 학교에서 가정으로, 그리고 지역사회와 국가로 넓혀나가는 교육이념입니다. 쉽게 말해 가정과 지역사회를 교육에 적극 활용하자는 취지라고 생각하면 됩니다. 이를 통해 아이들을 자유롭고 안전하게 놀게 하면서 동시에 진로체험을 꾀할 수 있습니다.

국가는 지자체에 많은 예산을 투입하여 국민들의 복지와 교육 증진에 힘을 씁니다. 하지만 이러한 요소들이 국민들에게, 또 각 가정에 전달되지 못하고 있기도 합니다. 제공되는 정보 자체가 부족한데다 부모 또한 어떻게 하면 좋을지 몰라서 아이들에게 놀 거리나 진로체험의 기회를 마련하지 못하는 것이 아닐까요?

다양한 진로체험과 놀 거리를 알아보기 위해서는 주변에 있는 청소년문화센터나 청소년복지센터에서 운영하는 프로그램부터 알아봅시다. 학교에서 한계가 있다면 가정에서 실천해 보고, 가정에서도 한계가 있다면 다시 지역사회와 국가로 눈을 넓혀야 합니다. 지역사회에는 이미 수많은 프로그램들이 운영되며 양질의 교육 활동과 예산 지원이 이루어지고 있습니다. 학교가 가정에 일일이 안내하기 힘들 정도로 관련 정보는 정말 다양합니다. 한국과학창의재단에서 운영하는 사이트인 크레존(https://www.crezone.net/)에는 전국의 각 지역별 진로체험 행사와 프로그램이 소개되어 있습니다. 여기에서 지역별 문화와 특색에 맞는 체험활동을 찾을 수 있습니다.

이러한 수많은 기회 중 자녀의 취미와 관심사와 관련 있는 것들을 찾아보세요. 그리고 그 교육 프로그램에 적극적으로 참여해 보세요. 국가에서 교육 프로그램을 준비해 두고 예산도 마련되어 있으니 가정의 부담은 훨씬 적습니다. 아이들의 관심사를 넓히고, 좋은 경험으로 남을 것이며, 친구들과 함께 놀면서 체험하는 장(場)이 될 겁니다. 지금 바로 각 지역사회 홈페이지와 여러 교육 사이트를 확인해 보세요.

우리 아이를 위한 맞춤형 학교를 만들어 보세요

PART 3 '어떻게 학교를 다니게 해야 할까?'에서 학생자율동아리를 언급하며 자치를 강조했습니다.

교육청별로 추구하는 이념이 조금씩은 다르지만, 요즘은 대부분의 교육청이 '학생 중심'을 활동의 핵심으로 삼고 운영하려고 노력 중인 것 같습니다. 이러한 트렌드에 맞추어 교육도 직접 학생이 만들 수 있는 시스템을 마련하기도 합니다.

만약 지역사회에서 운영하는 복지 프로그램이 없다면 학생이나 학부모님이 직접 만드는 '꿈의 학교'도 있답니다. 다음의 프로그램은 제가 근무하는 경기도교육청 기준이며, 각 지역별로 차이가 있을 수 있습니다.

교육공동체가 만들어가는 꿈의 학교

- 소개: 학생이 직접 하고 싶은 꿈을 계획하고 운영하는 학교 밖 프로그램(원하는 프로그램을 신청하고 선발되면 최대 3백만 원까지 예산 지원)
- 대상: 경기도 초 · 중 · 고등학교 학생이면 누구나 참여 및 개설이 가능하고 학령기 학교 밖 청소년도 포함됨.
- 활동기간: 1년 단위로 방과 후, 주말, 방학을 이용하여 연간 30시간 이상 운영함.
- 참고사항: 꿈의 학교를 도와주는 꿈지기 선생님이 필요함(학부모, 마을사람 누구나 가능). 1차 서류심사, 2차 면접심사가 있으나 2019년 기준 90% 이상 합함.
- 접수처: 경기마을교육공동체 홈페이지(http://vilage.goe.go.kr)

자녀에게 요즘 관심이 가거나 즐기는 것에는 무엇이 있는지 물어보세요. 그리고 관련 주제를 바탕으로 지역의 청소년문화센터 프로그램을 찾아보세요. 거기에 없다면 위에서 소개한 꿈의 학교 사이트에 접속하여 한 번 더 프로그램을 찾아보세요. 꿈의 학교는 교육청과 연계된 사업이기 때문에 주민센터나 복지관 프로그램에는 찾을 수 없었던 새로운 프로그램을 찾을 수도 있습니다. 그래도 원하는 프로그램이 없다면 꿈의 학교를 직접 만들어 보세요. 요즘의 교육문화는 교육환경을 학교 안에서 학교 밖으로 넓히는 교육생태계의 확장을 추구합니다. 지역사회에 한 아이를 같이 키우는 마을교육공동체를 실현시키기 위한 방법이기도 합니다.

부모는 꿈의 학교를 설립하고 꿈지기 선생님이 될 수 있습니다. 꿈지기 선생님이라고 하면 괜히 걱정되기 마련이지만 부담을 가질 필요는 없습니다. 프로그램을 개설하는 학생(나의 자녀)가 원하는 것이 무엇인지 어른의 입장에서 이해하고 구체적인 계획의 기초를 잡는 것만 도와주면 됩니다. 원하는 꿈에 다가가기 위해서 어떠한 요소들이 필요한지 자녀와 이야기해 보고 필요한 사항들을 계획서에 차근차근 하나씩 담아보게 합니다. 기존에 있는 꿈의 학교 프로그램에 참여하면 다른 프로그램에 내 자녀를 맞춰야 하지만, 직접 만들면 내 아이에게 100% 맞춘 진정한 진로체험의 장을 만들어 볼 수 있습니다.

더불어 아이는 자신의 관심 분야에서 평소 하지 못했던 활동을 하며 노는 것처럼 자유롭게 시간을 보낸다는 점에서 즐거움을 느낄 것입니다. 또한 우리 부모님이 나를 위해 이렇게 헌신하고 노력해 주시는구나 하고 스스로 동기 부여도 됩니다.

지역별로 다양한 꿈의 학교 프로그램이 이미 개설되어 있습니다.

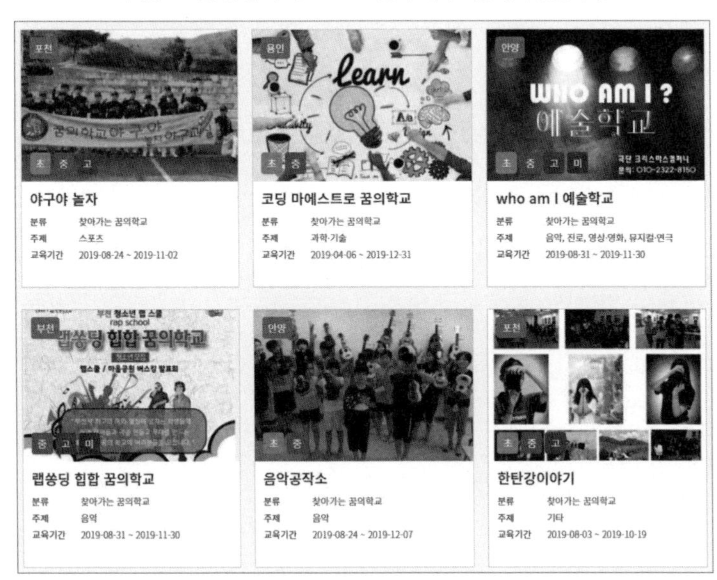

종합예술아카데미 히어로를 찾아서

분류	찾아가는 꿈의학교
주제	미술, 음악, 진로, 영상·영화, 뮤지컬·연극
교육기간	2019-07-20 ~ 2019-11-09

삼국지 디베이트

분류	마중물 꿈의학교
주제	인문학
교육기간	2019-09-28 ~ 2019-11-30

꿈을 키우는 공작소

분류	찾아가는 꿈의학교
주제	기타
교육기간	2019-05-02 ~ 2019-09-05

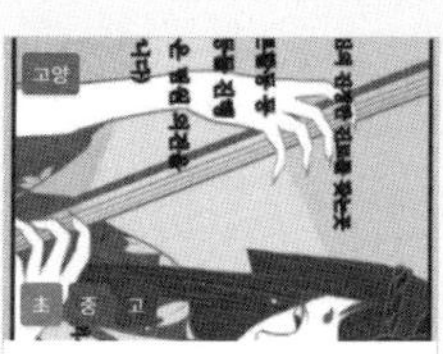

은하

분류	2019 학생이 만들어가는 꿈의학교
주제	미술, 인문학, 진로
교육기간	2019-05-04 ~ 2019-12-14

안양문화원 아냥이와 국악오케스...

분류	찾아가는 꿈의학교
주제	음악
교육기간	2019-06-01 ~ 2019-08-31

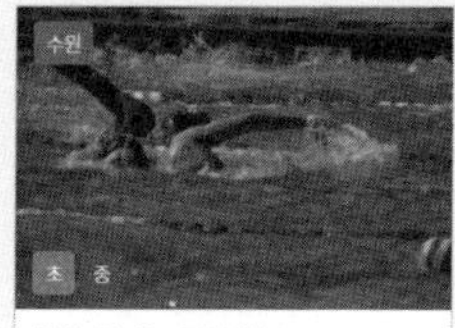

권선 신나는 꿈의 학교

분류	마중물 꿈의학교
주제	스포츠
교육기간	2019-05-04 ~ 2019-12-31

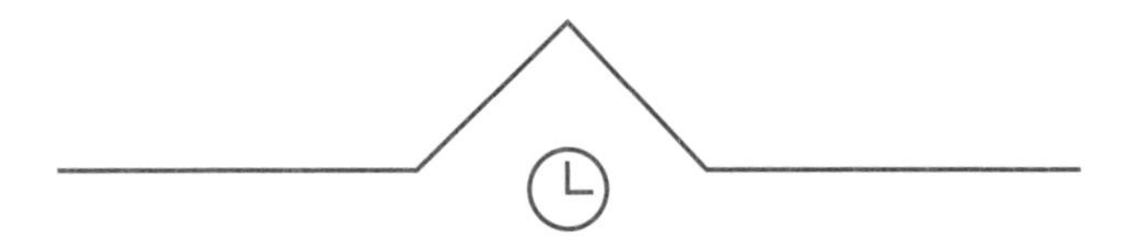

꿈의 학교가 좋은 이유는 무엇인가요?

꿈의 학교에 대해 학생과 부모님에게 말해 준 적이 있습니다. B학생은 역사를 정말 좋아했는데 이미 중학생 이상의 국사 지식을 가지고 있을 정도였습니다. 희망하는 진로 또한 역사학자 또는 역사교수였지요. 쉬는 시간에는 항상 역사와 관련된 책을 읽었고 역사에 대한 질문도 많이 했습니다. 담임 교사로서 역사에 대해 이야기를 나누고 지도하는 것을 넘어 더욱 다양한 기회를 만들어 주고 싶어서 꿈의 학교를 검색하게 되었습니다. 우연인지 운명인지 마침 근처 복지센터에서 주기별로 역사교실을 운영하고 있었습니다.

해당 프로그램은 단순히 역사 수업을 하는 것뿐만 아니라 역사와 관련된 직업인들을 초청하여 강연도 진행하는 진로 연계 프로그램이었습니다. 사학과 교수님부터 고고학자, 그리고 역사 웹툰을 그리는 만화가까지 초청하여 아이들에게 살아 있는 역사교육, 진로교육을 하고 있었습니다. B학생은 이 프로그램에 참여하면서 역사나 진로를 공부라고 생각하지 않고 자신의 궁금증을 풀면서 노는 놀이의 장으로 생각했을 것입니다. 그리고 학교에서 채 풀지 못한 자신의 관심사를 그곳에서 발산시켰을 겁니다. 이러한 진로교육의 장을 부모와 교사가 함께 열심히 찾아보고 마련해야 합니다.

꿈의 학교가 가진 장점을 한 가지 더 살펴보면 바로 생활기록부를 들 수 있습니다. 초등학교는 생활기록부에 연연하지 않지만 대학 입시를 준비하는 고등학생은 생활기록부가 무척이나 중요하지요. 입학사정관제나 수시를 준비하는 경우에는 단순히 높은 성적보다 진로에 대한 학생의 꾸준한 활동내용과 기록들이 중요합니다. 요즘은 사교육 및 스펙 중심의 사회를 방지하기 위해 생활기록부 내용을 많이 간소화하고 있습니다.

여러 교육부 인증 청소년단체에서 하는 활동도 기록이 거의 생략되었고, 외부기관에서 운영되는 교육 활동은 일체 기록이 되지 않게끔 변경되었습니다. 하지만 꿈의 학교는 교육청에서 주관하기 때문에 생활기록부에 활동 내용과 함께 입력이 가능합니다. 입학사정관제 준비생에게 꿈의 학교 활동과 기록은 진로와 관련하여 자신을 강하게 어필할 수 있는 무기가 될 것입니다.

기존에 있는 꿈의 학교에 참여하거나 부모님 또는 선생님과 협업하여 새로운 꿈의 학교를 만들어보는 일이 결코 쉽지만은 않습니다. 하지만 반대로 학생들이 이러한 쉽지 않은 일들을 실현시켰다는 것은 교사가 봐도 정말 대단하다는 생각이 듭니다. 힘든 여정의 원동력은 오로지 학생들의 꿈에 대한 열망이었을 것이고, 그 과정은 보지 않아도 느껴지기 마련입니다. 이 사실은 입학사정관과 면접관들에게도 확실하게 전달될 것입니다.

자녀가 초등학생이라서 아직 대학 입시는 먼 이야기처럼 느껴질 수 있을 겁니다. 하지만 입시가 중요한 것이 아니라 이 과정이 이렇게나 교육 현장에서 의미 있고 인정받고 있다는 것을 알리고 싶습니다. 그 과정을 준비하고 참여하며 성장해 나갈 우리 아이들, 활동을 통해 문제해결능력과 자기 주도적 학습능력을 키워 나갈 아이들을 생각해 보세요. 교육적 효과를 생각해서라도 부모와 교사들은 적극적으로 나서서 꿈의 학교를 지원해야 합니다.

우리 지역에는 꿈의 학교가 없어요!

국가에서 진로교육을 강조하고 힘을 불어넣고 있는 만큼 꿈의 학교도 활성화되고 있습니다. 하지만 지역별로 프로그램 운영의 차이가 있을 수 있으므로 자세한 내용은 추가로 확인해야 합니다. 구체적인 정보를 얻기 힘들거나 막연하다면 어떻게 하면 좋을까요? 이때는 부담감을 갖지 말고 자녀가 다니는 학교에 문의해 보세요. 학교마다 필수적으로 '진로'라는 업무가 있고, 담당교사가 배정되어 있습니다. 각 지역별 프로그램이나 계획에 대해 수없이 많은 공문이 전달되기 때문에 업무 담당자는 관련 사항을 반드시 알고 있습니다. 그리고 이러한 내용을 각 가정으로 전달할 의무가 있습니다. 따라서 학교에 연락하여 진로 담당 교사에게 조언을 구해 보기 바랍니다. 학교와 담임교사에게 연락하는 것을 두려워하지 마세요. 교육에 대한 내용이라면 학교는 언제나 열려 있습니다.

그 외에는 사실 부모가 직접 여러 사이트와 기관을 찾아보는 수밖에 없습니다. 그래도 21세기 첨단을 달리는 시대이기 때문에 대부분의 자료는 인터넷에 게시되어 있습니다. 여러분이 거주하고 있는 지역에서 진로교육 장소를 찾고 싶다면 '꿈길(http://www.ggoomgil.go.kr)'을 활용해 보세요. 이 사이트는 교육부에서 운영하며 진로체험센터를 관리하는 곳으로, 진로체험의 개념과 유형에 대한 설명과 지역별 우수사례가 게시되어 있습니다. 진로교육 한마당 및 여러 경진대회, 공모전 안내는 물론이고 진로체험버스, 원격영상 진로 멘토링, 창업체험센터 관련 정보, 우리 지역 진로체험지원센터 검색까지 가능하니 여러모로 활용할 수 있습니다.

영균쌤의 코칭 포인트

진로체험도 안전이 1순위!

꿈길 사이트에는 안전한 진로체험 핸드북이 게시되어 있습니다. 체험 중심의 다양한 진로체험을 할 때는 평소에 하지 않는 활동을 하는 것이다 보니 사고의 위험성이 높아질 수 있습니다. 따라서 활동의 전후에 꼭 안전요소 점검과 사전 안전지도가 필요합니다. 체험활동 시 주의해야 하는 교통안전수칙부터 신변안전, 생활안전수칙까지 세세하게 알려주는 UCC콘텐츠와 애니메이션까지 준비되어 있으니 가정에서도 적절하게 활용해 보세요. 학생들의 수준과 흥미를 고려한 동영상 외에도 웹툰 및 카드뉴스로 주제별 안전 교육자료가 공개되어 있습니다. 여러 자료들을 활용하여 안전수칙을 익혔다면 '진로 안전 마스터가 되어 보자!' 퀴즈 게임을 실행해 봅시다. 진로체험에서 일어날 수 있는 안전사고를 분석하고 대처법을 확인해 보는 시간을 가질 수 있습니다.

진로교육을 위해 부모와 학교가 다양한 활동들을 준비한 만큼 아이들에게도 새롭고 신기한 활동들이 많을 것입니다. 이로 인해 아이들에게 예측하지 못한 수많은 안전사고가 일어날 수 있지요. 안전교육은 아는 것이 다가 아니라 미리 알고 반복학습하여 습관으로 만들어두는 것이 중요합니다. 따라서 평소에도 꾸준한 안전교육을 실시해야 하며, 진로체험 시 사전에 위험요소를 분석하고 안전지도를 확실하게 해야 합니다. 안전은 아무리 강조해도 지나치지 않습니다. 체험활동 전에는 자녀들과 안전에 대해서 꼭 토의해 보세요. 부모가 노력한 만큼 우리 아이들은 안전하고 즐겁게 체험에 참여할 수 있다는 것을 명심하셔야 합니다.

CHAPTER 2

놀이 방법 2 -
온라인 활용하기

온라인으로 진로교육을 할 수 있나요?

유튜브에는 정말 다양한 정보들이 있습니다. 가끔은 내가 이런 것까지 알아볼 수 있다니 하는 생각까지 들 정도입니다. 최근에 제가 자주 보는 유튜브 채널이 있는데, 한 아나운서가 방송국을 나와 다양한 직업들을 체험해 보는 것입니다. 아나운서가 또 다른 엔터테이너의 길을 간다는 것도 흥미로운데, 다양한 직업들을 내가 간접적으로 보고 듣고 느낄 수 있다는 사실이 무척이나 재미있습니다. 이처럼 요즘은 인터넷을 활용하면 안 되는 것이 없는 것 같습니다. 재봉틀을 배우고 싶으면 영상을 찾아보고 따라해 보면 되고 자동차 수리도 정보를 찾아 직접 DIY하는 시대가 된 것이지요.

마찬가지로 가정에서 가장 쉽게 진행할 수 있는 진로교육 방법도 바로 온라인을 활용하는 것입니다. 온라인상에는 좋은 교육자료들이 무궁무진하게 존재합니다. 잘 찾아보면 비용도 들지 않고, 접근도 쉬우며, 내용이나 범주도 정말 풍부해서 내 아이를 위한 맞춤형 진로교육 자료도 찾을 수 있습니다. 이 얼마나 편한 세상인가요?

국가에서 개설해놓은 진로교육 사이트를 찾아보면 진로교육 프로그램이 많이 게시되어 있습니다. 앞서 설명한 초등학생의 진로교육에서 필요한 요소들을 담아 긍정적인 자아개념 형성부터 여러 직업 정보의 탐색과 분석까지, 체계적이고 흥미롭게 구성되어 있습니다. 다양한 소리와 캐릭터들 그리고 게임처럼 진행되는 스토리가 아이들의 오감을 자극하여 더욱 흥미롭고 재미있게 참여할 수 있게 도와줍니다. 현실세계에서는 구현하지 못하는 한계를 뛰어넘은 것이지요. 또한 온라인 서버나 개인 컴퓨터에 진로교육 활동을 저장하여 지속적으로 진로 활동을 기록하기 쉽다는 장점도 있습니다. 진로는 평생에 걸쳐 지속적으로 진행되는 것이기 때문에 계속 기록하여 변화과정을 살펴보는 것도 필요합니다.

하지만 막상 여러분이 직접 진로교육을 위해 정보를 보다 보면 원하는 자료를 찾지 못하거나 내용이 너무 방대해서 무엇을 골라야 할지 몰라 망설이기 십상입니다. 또한 정보를 찾더라도 어떻게 교육을 진행하면 좋을지 몰라서 포기하게 되고, 원격 강의나 진로 동영상을 틀어주면 집중해서 보지 않을 것 같다는 생각에 그냥 넘기게 됩니다. 온라인 세계가 무궁무진한 것들을 담고 있는 정보의 바다인 만큼 오히려 역으로 불필요한 정보도 넘쳐 나기 때문에 때로는 혼돈의 바다가 되기도 합니다.

이러한 고민을 해소하기 위해 교육부에서는 한국직업능력개발원 및 여러 기관과 협력하여 진로교육 전문 사이트를 개발했습니다. 바로 '커리어넷' 혹은 '워크넷'이라는 사이트입니다. 커리어넷 안에는 주니어 커리어넷을 따로 개설하여 초등학생부터 자신에게 맞는 진로교육 활동에 참여할 수 있습니다. 또한 성장 단계에 따라 연령대별로 다양한 활동을 준비하고, 무료로 각종 검사 활동도 받아볼 수 있도록 프로그램을 게시해 놓았지요. 이외에도 현직 교사들과 연구원들이 개발한 진로교육 활동지를 학생용, 지도자용으로 분류하여 부모가 쉽게 접근하고 사용할 수 있게 해 두었습니다. 이처럼 온라인으로 진로교육을 직접 진행해 볼 수 있도록 인프라가 잘 구축되어 있는 것이지요.

이번에는 이러한 사이트를 소개하고 이를 통해 어떠한 활동들을 진행해 보면 좋을지 구체적으로 다루어 보겠습니다.

온라인 진로교육, 정말 효과가 있나요?

온라인 세계는 정보들이 넘쳐흐르고 있습니다. 자녀의 진로교육을 위해서 인터넷이나 SNS, 유튜브 등에 정보를 찾아본 분들도 있을 겁니다. 하지만 직접 자료를 찾다 보면 정보가 너무 방대하여 무엇을 골라야 할지 몰라 망설이게 됩니다. 저 역시 원격 강의나 수업 동영상들을 검색하다 아이들에게 유익해 보이는 자료를 발견하여 틀어주고는 우리 아이들이 영상을 제대로 보고 따라 하는 것인지 의구심이 들 때도 있습니다.

여기서 한 가지 생각해야 할 점이 있습니다. 많은 분들이 '온라인으로 교육하는 것이 정말 효과가 있나?' 하고 걱정합니다. 미디어 매체로 교육을 받아본 경험이 있다면 온라인 교육이 가지는 한계점을 분명히 알고 있기 때문입니다. 직장에서 온라인 교육을 꼭 들으라고 하면 영상을 틀어놓고 시간이 가기만을 기다리거나 조금 보다가 꺼

버릴 수도 있는 등 여러 가지 부정적인 상황이 예상되지요. 그래서 저는 온라인으로 교육을 진행할 때 더 많이 걱정하라고 하고 싶습니다. '그래도 잘 하겠지. 안 하는 것보다는 낫잖아?' 하는 안일한 생각보다는 더 많이 신경 써서 온라인 교육의 맹점을 극복해 나가야 한다고 생각하기 때문입니다.

온라인 교육 전에 알아두어야 할 것은 바로 교육대상이 아이들이라는 점입니다. 아이들은 발달단계상 집중력이 떨어지고 한 가지 일을 오래 하지 못합니다. 흥미나 관심이 없는 일에 대해서는 더욱 그렇지요. 어떠한 교육이든 스스로 하기 쉽지 않으므로 항상 교사나 부모가 곁에서 도움을 주어야 합니다. 온라인 교육도 마찬가지입니다. 온라인 교육이라고 해서 어른들이 듣는 원격 강의처럼 강사가 모든 것들을 다 말해 주고 정리하는 방식을 생각해서는 안 됩니다.

아이들과 부모님이 함께 앉아서, 함께 수업을 진행해야 합니다. 교육자료나 매체만 온라인일 뿐, 교육에 참여하고 진행하는 것은 자녀와 부모라는 변함없는 사실을 명심해야 합니다.

많은 교사와 연구진들이 개발한 좋은 수업 자료들이 준비되어 있고, 재미있고 화려한 콘텐츠는 아이들의 관심을 끌기에 충분합니다. 이제 여러분만 자녀 맞춤 진로 선생님으로서 아이들과 함께할 준비를 하면 됩니다. 이러한 가정학습 환경은 학교에서 종이나 화면을 보며 학급 전체를 대상으로 하는 일대다 수업보다 훨씬 좋은 환경이라는 점을 강조하고 싶습니다.

뒤에서 설명하는 활동들을 여러분도 함께 참여하고, 함께 확인하며, 진지한 토의의 장을 마련해 보세요. 온라인에서 진행되는 각종 진로교육 자료와 사이트들은 아이들을 위한 것이지만, 제대로 된 효과를 내기 위해서는 부모님이 함께 해야 한다는 사실을 기억해 주세요.

영균쌤의 코칭 포인트

부모님도 함께 하세요!

부모님도 아이와 함께 진로교육 활동에 참여해 보세요. 어른들은 직장도 있고 안정된 생활을 하고 있기 때문에 진로설계가 더는 필요 없다고 생각할 수도 있습니다. 하지만 진로란 태어나서 죽는 순간까지 평생에 걸쳐 준비되고 진행되는 것입니다. 부모님이 자녀와 함께 진로교육 활동에 참여하게 되면 아이들은 진로는 한순간에 결정되는 것이 아니며, 진로탐색은 어른이 되어도 필요한 것이라는 생각을 자연스럽게 하게 됩니다. 또한 부모님이 함께한다는 사실만으로 동기 부여가 될 것이며, 부모님의 활동 과정, 결과 해석들이 또 하나의 교육자료가 됩니다.

커리어넷을 활용해 보세요

우리 아이만의 포트폴리오 만들기
활동지 4를 활용하세요!

진로교육 사이트 중 가장 대표적인 곳은 바로 '커리어넷'입니다. 교육부와 한국직업능력개발원에서 마련한 사이트로 국민들의 진로 개발을 위한 다양한 프로그램을 게시해 놓았습니다. 홈페이지 메인 화면에 들어가면 교육 대상을 세분화해놓았는데, 초 · 중 · 고 학생뿐만 아니라 대학생과 일반인 그리고 부모와 교사를 위한 자료까지 준비되어 있습니다. 이렇게 체계적인 진로교육 프로그램은 우리 초등학생 아이들이 성장하여 중 · 고등학생, 성인까지 시기에 맞춰 단계적으로 활용 가능하다는 장점이 있습니다.

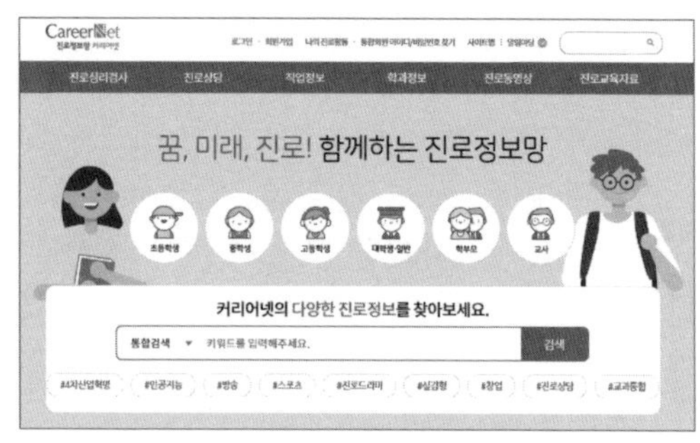

커리어넷(https://www.career.go.kr/) 메인 화면

주니어 커리어넷(https://www.career.go.kr/jr/) 화면

사이트에서 해 볼 수 있는 다양한 활동들을 소개합니다. 자녀의 연령과 발달 특성, 가정환경에 맞추어 다양한 방식으로 진행해 보세요.

저학년 진로흥미 진단 활동

활동 1

주니어 커리어넷의 '나를 알아보아요' 코너에 들어가면 저학년 진로흥미 탐색 활동이 마련되어 있습니다. 직업의 중요성에 대해서 먼저 알아보고, 자기 스스로에 대해 이해하는 활동을 해 봅니다. 활동을 진행하면서 직업이 왜 중요한 것인지 구체적으로 이야기해 주세요. 경제적인 수입을 위해서만 일을 하는 것이 아니며, 자아실현과 사회의 소속감이 중요한 이유를 알려주세요.

	**활동 2** 색칠놀이로 응답한 내용에 따라 흥미탐색검사 결과가 발표됩니다. 아이들이 이해하기 쉽도록 뚝딱이, 탐험이, 멋쟁이, 친절이, 씩씩이, 성실이로 이름을 정하고, 6종류로 분류하여 일반적인 성격이나 특성을 이야기해 줍니다. 검사 결과에서 언급하는 특성 중 자녀의 특성에 맞는 부분과 다른 부분은 무엇이 있는지 이야기해 주세요.
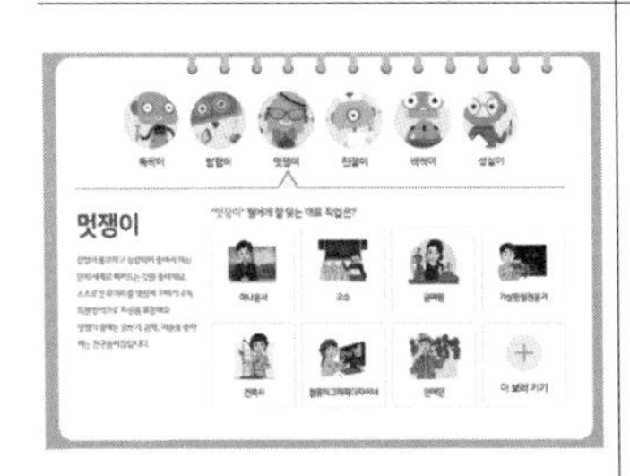	**활동 3** 검사 결과와 동시에 아래쪽 화면에는 특성에 어울리는 추천 직업 목록이 표시됩니다. 흥미적성 결과에 따른 추천 직업일 뿐 무조건 해당 직업을 가져야 하는 것은 아니며, 흥미와 적성은 나이가 들고 환경이 변하면서 항상 바뀔 수 있음을 알려주세요. 성장하는 동안 추천 직업으로 표시되는 다양한 직업들과 자신의 적성을 비교하고 분석해 보는 것이 중요함을 알게 해 주세요.
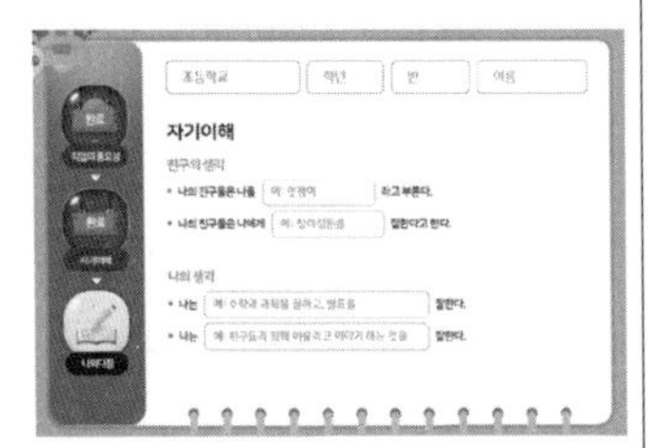	**활동 4** 마지막 활동으로 자신의 특성을 바탕으로 다짐문을 작성해 봅니다. 나의 성격, 흥미, 특성을 바탕으로 자기이해활동을 하게 되는데, 자녀가 부정적인 점을 이야기할 때는 긍정적으로 바라볼 수 있도록 지도해 주세요. 그리고 다짐을 통해 노력하는 것이 중요하며, 진로는 끊임없이 노력한 결과라는 것을 알려주세요. 작성한 뒤 인쇄 버튼을 눌러 방에 붙여 주면 아이는 볼 때마다 마음을 다잡을 수 있습니다.

고학년 진로흥미 진단 활동

활동 1

주니어 커리어넷의 '나를 알아보아요' 코너에는 저학년 활동과 별개로 고학년 진로흥미 탐색 활동이 있습니다. 저학년 활동에서는 간이 질문들로 자신의 성향을 파악했다면, 고학년 활동에서는 조금 더 전문적이고 상세한 내용으로 진단이 진행됩니다. 비회원으로도 진행이 가능하며, 진단 결과는 파일로 저장하여 보관할 수 있습니다.

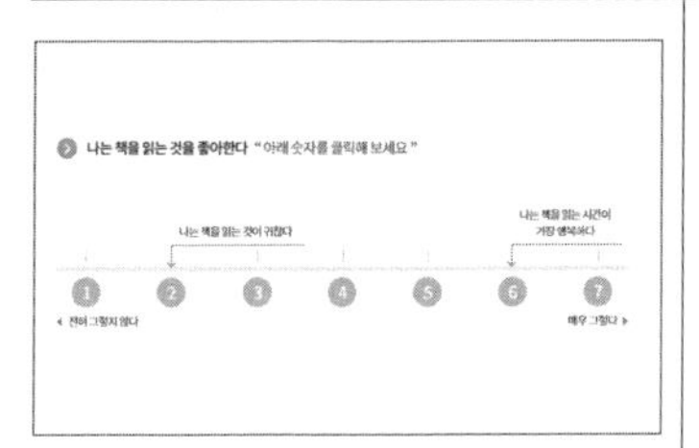

활동 2

정보를 기입하고 검사를 시작하면 검사 진행방법이 안내됩니다. 질문을 읽고 자신은 그 질문과 얼마나 관련성이 있는지 1에서 7까지의 범주 중 선택합니다. 수십 개의 질문에 답하게 되는데, 각 문항별로 자신과 비교해 보는 시간을 가지는 것이 좋으며, 무조건 중간, 보통을 선택하게 되면 검사 결과가 의미가 없어지므로 이 점에 유의해 주세요!

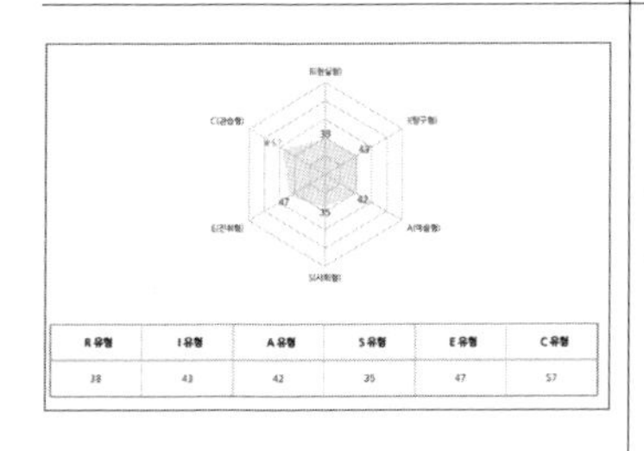

R유형	I유형	A유형	S유형	E유형	C유형
38	43	42	35	47	57

활동 3

자신의 흥미 유형에 따라 정확한 수치가 육각형 모형으로 표시됩니다. 현실형, 탐구형, 예술형, 사회형, 진취형, 관습형으로 나뉘며 각 항목별 점수가 표시됩니다. 흥미유형 육각형 모형이 어떻게 생겼는지에 따라 어떠한 진로 활동이 필요한지 설명이 첨부되어 있으니, 결과를 참고하여 자신을 이해해 보게 하세요.

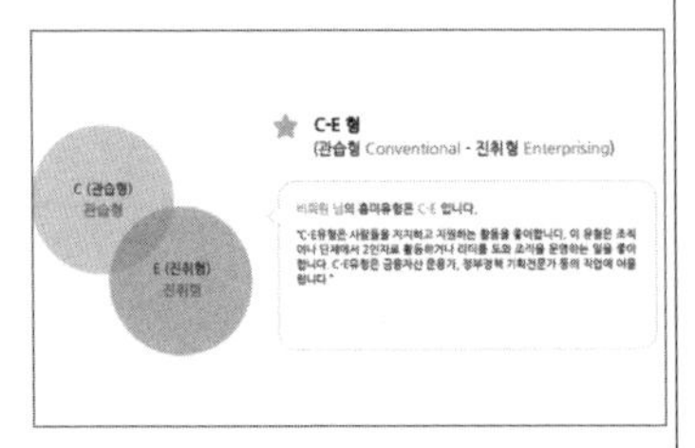

활동 4

자신의 흥미 유형에 따른 추천 직업을 알려줍니다. 어떠한 활동을 좋아하는지, 어떠한 직업이 어울리는지, 다양한 정보를 제공하므로 자신과 비교해 보고, 더욱 개발해야 할 것, 보충해야 할 것은 무엇인지 고민하게 해 보세요. 흥미 유형에 따른 일반적인 학습습관과 새로 시도해 보면 좋은 학습 방법도 알려주니 공부 습관도 점검해 볼 수 있습니다.

진로카드 놀이(진로상담)

[활동 1] 미래 직업 알아보기

자신의 흥미나 성향에 대해서 알아보았다면 다음으로는 '주니어 진로카드' 페이지에서 다양한 진로 정보를 접해 보는 활동을 진행합니다. 4차 산업혁명 시대에 걸맞게 현대 사회에 존재하는 직업들을 뛰어넘어 미래 사회에 각광받을 다양한 직업들을 알아보는 것입니다. 미래 직업의 여러 분류 중 자신이 관심이 가는 것들을 4가지 고르고, 그 안에서 또 2가지를 고르며, 최종적으로 1개를 선택해서 정보를 탐색하게 됩니다. 그러고 나면 그와 관련된 다양한 인터뷰 자료, 전문인 영상 등을 찾아보며 자신의 성향과 비교해 봅니다.

[활동 2] 내가 중요시 여기는 진로 가치 알아보기

진로가치 카드 활동에서는 진로를 선택할 때 내가 중요시 여기는 가치는 무엇인지 알아보는 활동이 준비되어 있습니다. 사람은 누구나 가치관이 다르며, 중요시 여기는 것이 다르므로 내가 진로를 선택할 때 무엇을 기준으로 해야 하는지 알아보도록 합니다. 선택한 진로가치 카드의 설명과 자신의 성격을 비교해 보세요.

[활동 3] 나에게 필요한 것 알아보기
진로효능감 카드 활동에서는 내가 꿈을 이루기 위해 더욱 신경 써야 할 부분이 무엇인지 알아보는 활동을 합니다. 나의 진로효능감을 낮추는 문제가 무엇인지 이해하고, 이를 극복할 수 있는 방법을 알려줍니다. 활동에 참여하며 자신의 진로에 대해 긍정적인 인식을 가지고 자신감을 높이기 위해 노력해 봅시다.

진로카드는 커리어넷에서 진로교육, 진로상담용으로 활용하기 위해 전문적으로 개발한 교육자료입니다. 따라서 학교와 가정에서 적극적으로 활용될 수 있도록 카드 시안, 설명서 등을 무료로 배포하고 있습니다. 다만 어떻게 활용하면 좋을지 막막할 수 있습니다.

이러한 고민을 해결하기 위해 커리어넷 사이트에는 교육 활동을 돕기 위한 여러 자료들이 게시되어 있으니 직접 사이트를 방문해서 살펴보세요. 아래의 자료들을 직접 보면 교육 활동을 어떻게 진행하면 좋을지 감이 오고 생각보다 쉽게 따라 할 수 있습니다.

커리어넷 사이트에 게시된 자료

- 카드 3종 전체 이미지파일
- 활동안내 교사용 워크북
- 카드놀이를 하면서 활동할 수 있는 다양한 활동지
- 카드놀이를 심화해 볼 수 있는 게임판

자료 찾는 곳

주니어 커리어넷 홈페이지에서는 아이들이 온라인 진로카드 놀이에 참여할 수 있습니다. 하지만 주니어 커리어넷은 아이들이 활동하는 사이트로, 여러분이 활용할 수 있는 각종 자료는 주니어가 아닌 본래 커리어넷 사이트에 게시되어 있습니다. 다음 단계를 따라 해 보세요.

[커리어넷 홈페이지 접속 ⇒ 상단의 탭에서 '진로교육 자료' 클릭 ⇒ 우측의 진로교육 자료 바로가기 배너에서 '재미있게 놀이하는 진로카드' 클릭 ⇒ '진로카드 활용안내서' 클릭]

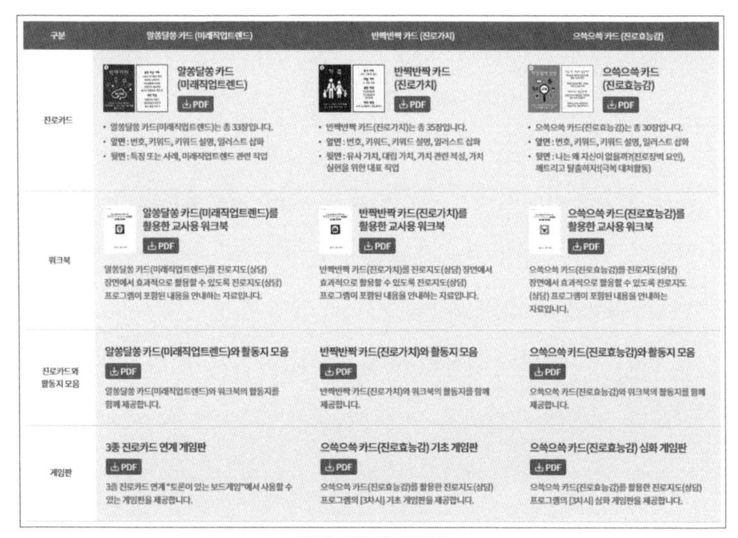

구분	알쏭달쏭 카드 (미래직업트렌드)	반짝반짝 카드 (진로가치)	으쓱으쓱 카드 (진로효능감)
진로카드	알쏭달쏭 카드 (미래직업트렌드) PDF • 알쏭달쏭 카드(미래직업트렌드)는 총 33장입니다. • 앞면 : 번호, 키워드, 키워드 설명, 일러스트 삽화 • 뒷면 : 특징 또는 사례, 미래직업트렌드 관련 직업	반짝반짝 카드 (진로가치) PDF • 반짝반짝 카드(진로가치)는 총 35장입니다. • 앞면 : 번호, 키워드, 키워드 설명, 일러스트 삽화 • 뒷면 : 유사 가치, 대립 가치, 가치 관련 적성, 가치 실현을 위한 대표 직업	으쓱으쓱 카드 (진로효능감) PDF • 으쓱으쓱 카드(진로효능감)는 총 30장입니다. • 앞면 : 번호, 키워드, 키워드 설명, 일러스트 삽화 • 뒷면 : 나는 왜 자신이 없을까?(진로장벽 요인), 제트리고 탈출하자!(극복 대처활동)
워크북	알쏭달쏭 카드(미래직업트렌드)를 활용한 교사용 워크북 PDF 알쏭달쏭 카드(미래직업트렌드)를 진로지도(상담) 장면에서 효과적으로 활용할 수 있도록 진로지도(상담) 프로그램이 포함된 내용을 안내하는 자료입니다.	반짝반짝 카드(진로가치)를 활용한 교사용 워크북 PDF 반짝반짝 카드(진로가치)를 진로지도(상담) 장면에서 효과적으로 활용할 수 있도록 진로지도(상담) 프로그램이 포함된 내용을 안내하는 자료입니다.	으쓱으쓱 카드(진로효능감)를 활용한 교사용 워크북 PDF 으쓱으쓱 카드(진로효능감)를 진로지도(상담) 장면에서 효과적으로 활용할 수 있도록 진로지도(상담) 프로그램이 포함된 내용을 안내하는 자료입니다.
진로카드와 활동지 모음	알쏭달쏭 카드(미래직업트렌드)와 활동지 모음 PDF 알쏭달쏭 카드(미래직업트렌드)와 워크북의 활동지를 함께 제공합니다.	반짝반짝 카드(진로가치)와 활동지 모음 PDF 반짝반짝 카드(진로가치)와 워크북의 활동지를 함께 제공합니다.	으쓱으쓱 카드(진로효능감)와 활동지 모음 PDF 으쓱으쓱 카드(진로효능감)와 워크북의 활동지를 함께 제공합니다.
게임판	3종 진로카드 연계 게임판 PDF 3종 진로카드 연계 "토론이 있는 보드게임"에서 사용할 수 있는 게임판을 제공합니다.	으쓱으쓱 카드(진로효능감) 기초 게임판 PDF 으쓱으쓱 카드(진로효능감)를 활용한 진로지도(상담) 프로그램의 [3차시] 기초 게임판을 제공합니다.	으쓱으쓱 카드(진로효능감) 심화 게임판 PDF 으쓱으쓱 카드(진로효능감)를 활용한 진로지도(상담) 프로그램의 [3차시] 심화 게임판을 제공합니다.

각종 자료 안내 파일

진로카드별 프로그램 진행 예시안

진로 정보 탐색 활동

진로 동영상 간접체험하기 가장 생생하고 흥미롭게 직업을 탐색할 수 있는 활동입니다. 직접 체험하거나 살펴보기 힘든 다양한 직업들을 취재한 영상을 살펴보며 자신이 머릿속에 그렸던 직업의 모습과 실제 직업인의 모습을 비교해 보세요. 영상을 보며 자신의 성향과 얼마나 잘 맞을지, 맞지 않는 부분은 무엇이 있을지 고민해 볼 수 있도록 질문을 제시해 주세요.

예시 영상을 보며 네가 생각했던 직업과 실제 직업인의 모습은 어떻게 달랐니?
어떠한 점이 가장 힘들 것 같다고 생각하니?
직업의 힘든 점을 네가 얼마나 잘 극복할 수 있을 것 같니?
네가 이 직업을 가진다면 어떠한 점이 행복할 것 같니?

직업 알아보기 사이트에 제시된 수많은 직업들 중에 자신이 관심을 갖거나 새롭게 알아보고 싶은 직업을 선택합니다. 각 직업에 대한 정보들이 인터뷰 형식으로 기록되어 있으므로 구체적인 내용을 확인할 수 있습니다. 각 직업에 대한 자료들은 진로 활동지나 진로 보고서를 작성하는 데 도움이 됩니다. 그리고 기록들을 모아 나만의 포트폴리오를 만들어 볼 수 있습니다.

[수록 정보]

어떤 일을 하나요? ⇒ 직업 정보를 정리하여 기록해 보기
어떻게 하면 될 수 있나요? ⇒ 필요한 요소와 자격증을 알아보고 더 자세하게 찾아보기
어떤 적성과 흥미가 필요한가요? ⇒ 자신의 적성과 어느 정도의 공통점이 있는지 확인해 보기

미래 사회 준비하기 아이들은 현재를 기준으로 모든 진로를 선택하려고 합니다. 하지만 아이들이 살아갈 시대는 현재가 아닌 미래 사회이지요. 따라서 현재를 바탕으로 한 미래 사회에 대해 알아보고 그에 맞추어 자신의 진로를 구체적으로 설계해 볼 수 있도록 하는 과정이 필요합니다.

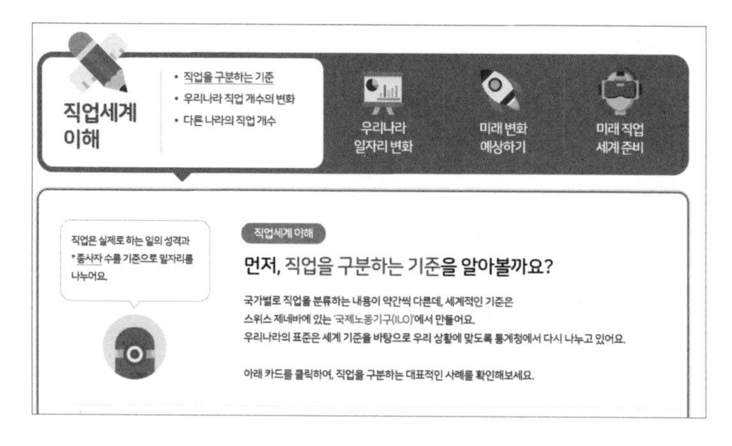

1. 직업을 구분하는 기준과 국내외 직업 변화 상황, 우리나라의 산업별 시대별 일자리 변화를 알아보며 현대 진로 세계를 이해합니다.
2. 글로벌 경제와 인구구조의 변화, 미래의 기후상태와 에너지 사업, 과학기술의 발전에 대해 알아보며 미래 사회는 어떤 모습일지 떠올려봅니다.
3. 미래 사회에 필요한 역량들을 알아보며 자신이 앞으로 무엇을 준비해 나가야 할지 탐색해 봅니다.

진로 상담 활동

주니어 커리어넷에서는 초등학생 아이들을 대상으로 진로 고민 상담을 진행하고 있습니다. 홈페이지에서 진행한 각종 진로 프로그램에 관련된 고민을 상담해도 좋고, 자신이 가지고 있는 궁금증이나 직업에 대한 정보를 물어도 좋습니다. 때로는 자신의 진로에 필요한 학업 및 자격증에 대한 질의응답 자료가 올라오기도 합니다.

아이들이 직접 자신의 질문이나 고민을 해소할 수도 있으며, 다른 아이들의 의견을 읽어 보며 공감할 수도 있는 소통 게시판입니다. 부담을 갖지 않고 자유롭게 활용해 보면 아이들에게 가장 현실적이고 직접적으로 도움이 될 수 있을 겁니다.

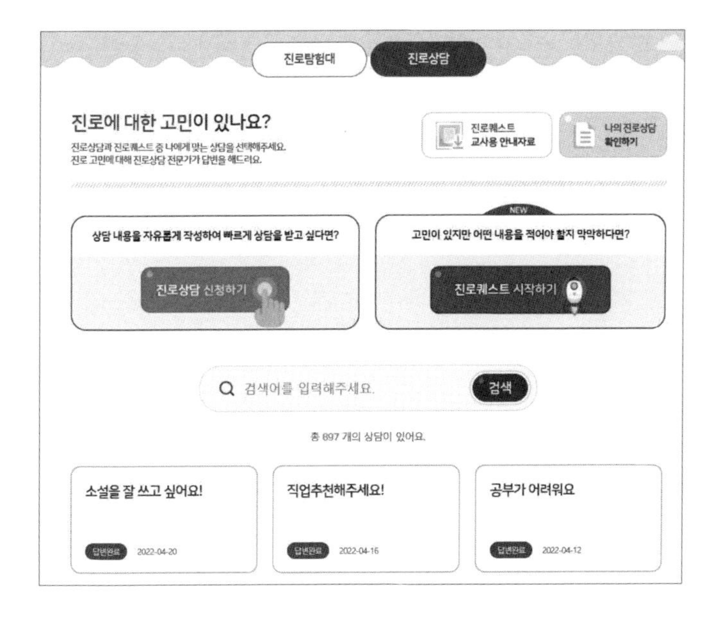

진로교육 프로그램(SCEP) 따라 하기

이번에 설명할 진로교육 활동은 교육부와 한국직업능력개발원이 개발한 SCEP 진로교육 프로그램입니다. 원래는 진로교육이 교육과정에 반영된 초기에 학교에서 체계적인 진로교육이 가능하도록 프로그램을 개발하여 배포했다고 합니다. 교육 전문가들이 국가 차원의 진로교육 목표와 성취기준에 부합하게끔 개발한 것이므로 가정에서도 이를 통해 체계적인 진로교육이 가능합니다. 사이트에 수록되어 있는 여러 프로그램 중 초등학생들에게 적용이 가능한 내용을 소개하겠습니다. 자녀의 흥미와 관심사에 맞게 선택적으로 활용해 보기 바랍니다.

이 사이트에 접속하면 SCEP 창의적 진로개발 교육이 무엇인지, 어떠한 방법으로 진행되는지에 대한 설명이 나와 있습니다. 스크롤을 아래로 내리면 진로교육에 관련된 각종 자료들이 수록되어 있지

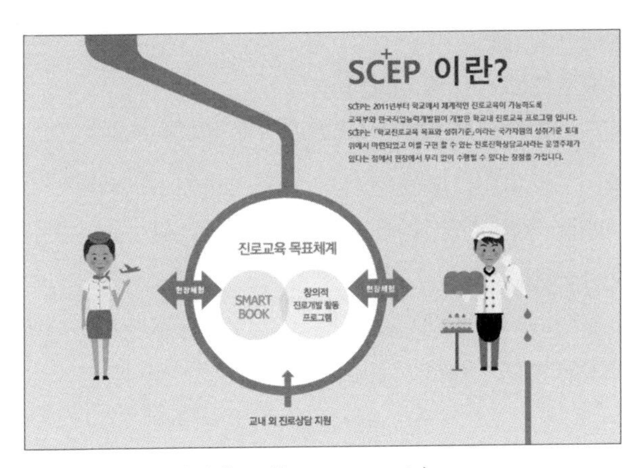

SCEP 홈페이지 메인 화면(http://scep.career.go.kr)

요. '진로교육의 목표와 성취기준' 파일은 여러분이 진로교육에 대해 심층적으로 이해하고 싶을 때 활용하면 됩니다. 그 외에 수록되어 있는 자료 중 초등학생에게 적합한 프로그램을 정리하겠습니다.

SCEP 창의적 진로개발 활동

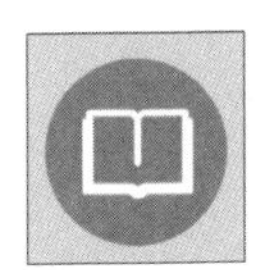

학교진로교육 프로그램 – 창의적 진로개발 활동지

본 프로그램의 목적은 청소년들이 창의성과 진로 기초역량을 기르는 것입니다. 이러한 목적을 달성하기 위해 진로교육을 4단계로 나누어 각 단계에 활용할 수 있는 수십 종의 활동지를 게시해 두었습니다. 단계에 맞는 활동을 오랜 시간에 걸쳐 진행하고 기록을 포트폴리오로 만들어 자신을 이해하는 데 활용하게 하세요.

[단계별 활동]

1. 자아이해와 사회적 역량 개발

- 긍정적 자아개념을 형성하고 소질과 적성에 대해 정확하고 객관적으로 이해합니다.
- 다른 사람과 소통하며 관계를 갖기 위한 역량을 기릅니다.

2. 일과 직업세계의 이해
- 일과 직업의 중요성과 가치를 이해합니다.
- 직업세계에 대해 이해하며 긍정적이고 건강한 직업의식을 가집니다.

3. 진로탐색
- 자신의 진로와 관련된 직업 정보를 적극적으로 탐색합니다.

4. 진로디자인과 설계
- 자기이해와 다양한 진로탐색을 바탕으로 자신의 진로를 창의적으로 설계합니다.
- 자신의 진로에 필요한 계획을 세우고 준비하는 역량을 기릅니다.

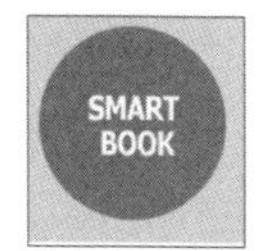

진로와 직업 스마트북

진로와 직업 스마트북에 들어가면 초·중·고·특성화고 등 연령에 따라 진로교육을 진행할 수 있도록 홈페이지가 마련되어 있습니다. 스마트북을 활용하여 가정에서 온라인으로 실제 수업 같은 진로교육을 진행할 수 있습니다. 진로교육 단계에 맞춘 각종 텍스트와 삽화 자료, 활동 자료들을 활용할 수 있으며 학생의 활동을 저장할 수 있어 기록하기 편리합니다.
또한 게임산업, 로봇산업, 애니메이션, 드론산업 등 여러 산업체계에 대한 직접정보를 스마트북으로 깔끔하게 정리되어 있습니다. 직업 분류에 따른 시장 정보, 직업 정보, 전문인과의 인터뷰들을 보고서 형식으로 살펴볼 수 있어 직업 탐색 활동에 유용하게 사용 가능합니다.

음악과 진로 – 가상 연예기획사 설립하기

음악과 관련한 다양한 직업군에 대해 알아보기 위한 활동입니다. 가상 연예기획사를 설립한다는 설정으로 아이들이 자기 주도적으로 진로교육을 진행할 수 있도록 되어 있습니다. 진로교육과 예술교육을 함께 진행할 수 있다는 장점이 있으며, 아이돌이나 K-POP 등 학생의 관심사를 바탕으로 활동이 진행되어 학습 동기를 쉽게 이끌어낼 수 있습니다. 아이들이 직접 작성하는 활동지와 부모가 참고할 수 있는 교사용 지도안이 함께 들어 있습니다.

[단계별 활동]

1. 뮤지션에 대한 이해와 관련 직업을 탐색하는 활동
2. 가상의 연예기획사를 설립해 보는 활동
3. 기획사를 홍보하는 영상을 제작해 보는 활동

연극을 통한 꿈 찾기

최근 교육현장에서는 교육연극이 각광받기 시작했습니다. 국어 교과서에 연극단원이 1학기에 1단원씩 개설되었으며, 사회, 과학, 미술, 음악, 체육 등 각종 교과목의 활동 속에 연극 활동이 녹아들었습니다. 이러한 트렌드에 걸맞게 연극 활동을 통해 자신과 타인에 대해 이해하고 창의성을 발휘할 수 있는 진로교육 자료입니다. 초등학생은 연극을 통해 꿈을 찾는 활동으로 구성되어 있으며, 자신을 성찰하고 타인을 이해하는 과정, 연극을 직접 만들어 보는 과정을 통해 아이들의 문화 향유 능력을 길러 주세요.

초등학생 활동은 총 3단계로 구성되어 있으며, 진행하기 편하도록 각종 활동에 대한 설명, 특징, 유의할 점, 활동 준비물, 활동 예시 사진 등이 구체적으로 정리되어 있습니다. 교수활동은 부모의 역할이며 학습활동은 학생의 역할이므로 설명 내용을 먼저 읽어 보고 자녀에게 활용해 보는 것을 추천합니다.

[단계별 활동]

1. 우리는 하나
2. 우리 동네 상상 놀이터
3. 신문으로 놀자

영균쌤의 코칭 포인트

포트폴리오 만들기

SCEP 창의적 진로개발 프로그램은 초등학생뿐만 아니라 중 · 고등학생들까지 겨냥한 진로교육 프로그램입니다. 이 책에는 초등학생들에게 적용 가능한 내용만 선택하여 정리했지만, 홈페이지에는 중학생, 고등학생들을 위한 프로그램들도 많이 수록되어 있습니다. 각 교육 프로그램이 초 · 중 · 고 학년별로 나누어서 체계적으로 개발되어 있으므로 자녀의 발달 수준에 맞춰 장기 프로젝트로 참여할 수 있습니다. 초등학생 저, 중, 고학년 때 진행해 보고, 중 · 고등학생 때도 이어가 보는 것입니다. 성장 단계에 따라 같은 프로그램에 참여해 보는 것은 아이가 이전과 달라진 자신을 느끼게 하는 가장 좋은 방법이 될 수 있습니다. 그리고 이러한 과정들을 해석하고 정리하여 꼭 포트폴리오를 만들어 주세요. 포트폴리오를 만드는 과정 자체만으로도 자녀는 스스로가 누구인지, 무엇을 하고 싶은지 자신 있게 말할 수 있게 될 것입니다. 진로는 한순간에 결정되는 것이 아니며 평생에 걸쳐 교육하고 고민해야 한다는 것을 기억해 주세요.

CHAPTER 3

놀이 방법 3-
가정에서 해 보는
가상 직업체험

집에서 직업체험을 할 수 있다고요?

성실하고 똑 부러지며 공부도 잘하는 C학생이 있었습니다. 그러다 보니 부모님도 아이에게 어느 정도 기대를 한 것 같습니다. 진로에 대해 여러 번 이야기하고 관련 활동을 할 때마다 아이는 파티쉐, 쉐프를 희망사항으로 이야기했습니다. 예체능 쪽으로도 다재다능해서 꿈을 정한 이유가 궁금해졌습니다. C학생에게 요리사를 꿈꾸는 특별한 이유가 있는지 묻자 '생각나는 것 중에 끌리는 것이 그것밖에 없어서요'라고 답했습니다. 그 말을 듣고 나니 아이가 정녕 원하는 것인지, 진로설계를 위해서 아이의 말과 생각을 존중하지만 과연 그것이 맞는 선택인 것인지 확신이 서지 않는 대답이라고 느꼈습니다. 부모님도 아이의 꿈을 응원하지만, 아이가 정녕 원해서 꾸는 꿈인지, 아니면 현실도피성으로 그냥 생각나는 것을 이야기하는 것인지 갈피가 잘 잡히지 않는다고 했습니다.

그래서 제가 제안했던 것이 바로 가정에서 체험하는 가상 직업체험 활동이었습니다. 허무맹랑한 꿈을 꾸는 것보다 직접 한번 해 보는 것이 낫지 않겠냐고 말이지요. 아이가 실제로 체험해 보고 자신과 어떠한 점이 맞는지, 어떠한 점이 상상했던 것과 달랐는지 등을 알 수 있기 때문입니다. 그 직업을 더 좋아하고 꿈꿀 수도 있으며, 반대로 자신의 적성에 대해 깨닫고 또 다른 길을 찾아가는 좋은 기회가 될 수 있는 것입니다. 어느 쪽이든 아이의 진로를 생각하면 100% 이득인 활동입니다. 그래서 저는 C학생의 부모님에게 어느 정도 제약이 있더라도 가능한 한 여러 가지를 시도해 보기를 권했습니다. 마치 제가 초등학생 때 TV 속 모델 프로그램을 보고 천을 사서 말도 안 되는 옷을 만들며 각종 바느질을 익혔던 것처럼 말이지요.

그렇다면 가정에서 어떻게 직업체험을 할 수 있을까요? '부모가 그 직업을 가지고 있다면 모를까, 완전히 다른 분야의 직업을 어떻게 체험하라는 말인가요?'라고 생각할 수도 있습니다. 저 또한 다른 직업에 대해서는 문외한이긴 마찬가지니까요. 다만 우리가 고려해야 할 것은 교육 대상은 아이들이고 아이들의 시선에서 생각해야 한다는 것입니다. 우리 어른들에게는 너무나도 당연하고 단순하며 지나치게 간단한 활동들이 아이들에게는 색다르게 다가오는 직업체험이 될 수 있습니다. 건축가라고 꼭 눈앞에서 뚝딱 건물을 지어야 하는 것은 아니고, 쉐프라고 해서 매번 거창한 요리를 만들어야 하는 것은 아닙니다.

아이들은 직업과 관련이 있다고 생각되는 활동을 하면 그 안에 흠뻑 빠져들어 생각보다 더 많은 진로체험 효과를 얻게 됩니다. 유치원에서부터 중학년에 이르기까지 자신이 세상의 중심이고 모든 사물을 자신의 기준에서 보는 '자기 중심화'의 발달 특성이 진로교육에서는 촉매제가 될 수 있습니다. 따라서 가정에서 가상 직업체험을 한다는 것을 너무 겁내지 않길 바랍니다. 다음에서 설명하는 방법들을 여러모로 시도해 보길 권합니다. 다양한 직업을, 다양한 방법으로 구상해 보고 적용해 보세요. 이 모든 활동이 부모님과 아이들이 소통하며 노는 또 하나의 놀잇감이 될 것입니다. 그리고 이 놀잇감은 아이들은 눈치채지 못하는 계획된 진로교육으로 삶에 자연스럽게 스며들 것입니다.

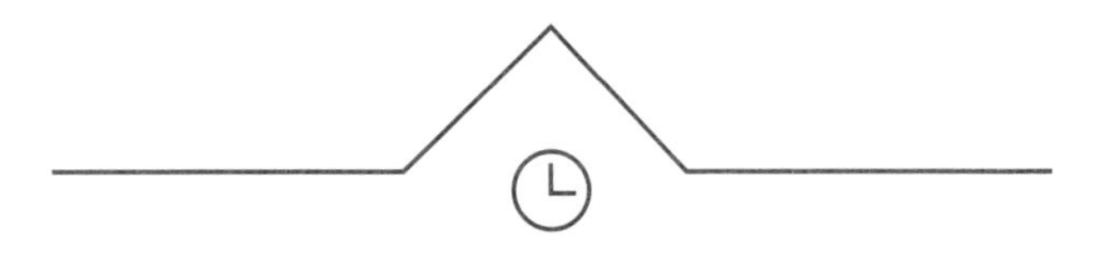

가상 직업체험 1

우리 아이만의 포트폴리오 만들기
활동지 5를 활용하세요!

아이들과 함께 장을 보러 마트에 가면 꼭 한번쯤은 듣게 되는 말이 있지요.

"아빠, 엄마! 나 저거 사 줘!"

나이가 어릴 때는 그저 투정만 부리던 아이가 초등학생이 된 이후로는 말로 타이르는 것이 가능해집니다. 이럴 때 우리 아이가 '조금 의젓해졌나?'라고 느끼기도 합니다. 하지만 중학년을 지나 고학년이 될수록 아이들은 또래집단을 더욱 의식하기 때문에 친구들이 가지고 있거나 자신이 마음에 든 물건을 탐내기도 합니다. 그러면 다시 "나 저거 사 주면 안 돼요?"가 나오기 시작하지요. 이럴 때 부모님들은 어린이날이니까, 생일이니까, 말 잘 들었으니까 등의 이유로 선물을 사 주기도 합니다. 생활 약속 지키기, 학업 습관 만들기, 체력 관리하기 등의 목적 달성을 위해 선물을 사 주면서 아이들의 의욕을 높이는 방법도 잘못된 방법은 아닙니다. 다만 무턱대고 남용하면 아이는 그저 '명분'이 있으면 부모님은 내가 가지고 싶은 것을 다 사 주신다고 생각하게 돼 버리지요. 아이들의 교육을 위해서라면 조금 참을 필요도 있습니다.

부모 입장에서는 이왕 무언가를 사 줘야 한다면 조금이라도 교육적으로 접근해 보고 싶은 마음이 굴뚝같습니다. 이럴 때 활용할 수 있는 것이 진로교육을 접목한 경제교육 활동입니다. 이 활동을 통해 아이는 자신이 가지고 싶은 물건을 부모님에게 사 달라고 하기 위해 직접 정보를 취합하고 자료를 탐색하여 발표를 준비합니다. 경제개념을 형성하는 것은 물론이고, 아이의 자기 주도적 학습능력과 정보탐색능력, 의사소통능력까지 키울 수 있게 되는 것이지요.

1. 아이가 가지고 싶어 하는 물건이 있어 사 달라고 요청하는 상황에서 사 줄 의향이 있을 때 활동을 진행할 수 있습니다. 우선 자녀의 말을 충분히 들어주며 여러분이 귀 기울이고 있다는 모습을 보여주세요. 그리고 아래의 예시 질문을 하며 아이의 생각을 구체적으로 물어보세요. 이야기를 다 들은 뒤에는 활동지를 주면서 '네가 원하는 것이 무엇인지 자세하게 더 알고 싶어. 이 종이에 자세하게 써 주면 잘 읽어 보고 고민해 볼게'라며 자연스럽게 활동을 시작하세요.

예시

- 네가 그 물건을 가지고 싶어 하는 이유는 무엇이니?
- 그 물건이 너에게 필요한 이유는 무엇이라고 생각하니?
- 그 물건과 비슷하거나 대신할 수 있는 물건은 없을까?

• 네가 이것을 선택하게 되면 다른 무언가를 포기해야 할 수도 있는데, 책임질 수 있겠니?

2. 아이들의 이해를 돕기 위해 경제 계획서가 왜 필요한지, 어떠한 효과가 있는지, 이 활동을 왜 해야 하는지 설명해 주세요. 예를 들어 유명 CEO들이 가전제품이나 생활용품의 신제품 발표회에 나와서 직접 설명하는 동영상을 보여줄 수 있습니다. 내가 원한다고 모든 것이 내 마음대로 되는 것이 아니라는 것을 깨닫게 해 주세요. 내가 원하는 바를 위해 누군가를 설득하고 이해시키는 과정이 얼마나 중요한지 느껴야 합니다.

3. 경제 계획서를 처음 받아들면 어렵게 생각할 수 있습니다. 처음에는 옆에서 같이 하나씩 써 가면서 연습할 기회를 주세요. 물건을 사기 위해 어떠한 과정을 거쳐야 하는지, 어떠한 기준으로 물건을 골라야 하는지 등과 같은 실생활 교육도 진행해 주면 좋습니다. 아이와 함께 인터넷과 책에서 정보를 찾아보거나 매장에 직접 가보는 등 올바른 소비자가 되기 위한 방법도 가르쳐 주세요.

무엇보다 중요한 것은 자신이 한 명의 경제 전문가로서 계획서를 작성해 본다는 마음가짐으로 활동에 임할 수 있게 하는 것입니다. 그리고 구체적이고 진정성 있는 계획서로 부모님을 설득해야만 물건을 가질 수 있음을 알려주고 활동 의욕을 높여주세요.

<table>
<tr><th colspan="2">내가 작성하는 경제 계획서</th></tr>
<tr><td>사고자 하는 물건</td><td>자전거</td></tr>
<tr><td>사고 싶은 이유</td><td>주말에 친구들과 놀고 싶어서</td></tr>
<tr><td>살 수 있는 곳</td><td>집 근처 ○○대형마트, ○○○ 자전거점, 인터넷 ○○○사이트</td></tr>
<tr><td>가격</td><td>13만 원(10~15만 원 다양함)</td></tr>
<tr><td>현재 나의 예산</td><td>4만 원(설날 용돈 저금)</td></tr>
<tr><td>부모님께 도움을 요청하는 금액</td><td>5만 원</td></tr>
<tr><td>예산 활용 계획</td><td>용돈 4만 원에 부모님 지원금 5만 원을 더하면 9만 원이 됩니다. 부족한 금액은 저금통에 있는 돈을 세어 보고, 이번 달 용돈에서도 저금하여 돈을 모을 것입니다.</td></tr>
<tr><th>구매했을 때 좋은 점</th><th>좋은 점 활용방법</th></tr>
<tr><td>1. 몸을 움직이며 운동할 수 있습니다.
2. 친구들과 친해질 수 있습니다.</td><td>1. 하루에 30분씩 자전거를 타며 운동하는 시간을 지키겠습니다.
2. 친구들뿐만 아니라 가족과도 함께 자전거를 타며 함께하는 시간을 만들겠습니다.</td></tr>
<tr><th>구매했을 때 걱정되는 점</th><th>걱정되는 점 해결방법</th></tr>
<tr><td>1. 자전거를 타다가 다칠 수 있습니다.
2. 친구들과 지나치게 놀러 다닐 수 있습니다.</td><td>1. 보호 장구를 잘 착용하고, 안전 지식을 한 번 더 공부하겠습니다.
2. 친구들과 노는 시간을 정해 약속을 지키려고 노력하겠습니다.</td></tr>
<tr><td>내가 생각하는 물건의 가치와 이유</td><td>취미를 만들 수 있고, 동시에 운동도 되며, 친구 관계도 발전시킬 수 있는 좋은 물건인 것 같습니다. 무엇보다도 가족과 함께 할 수 있는 시간을 만들어 우리 가족에게 행복을 준다면 가장 좋을 것 같습니다.</td></tr>
<tr><td>나의 다짐</td><td>부모님이 보시기에 다칠 수 있어 걱정이 되시겠지만, 안전수칙을 공부하고 지키려고 노력해서 자전거의 좋은 점만 활용하겠습니다.</td></tr>
<tr><td>부모님께 요청하는 글</td><td>제가 이번에 필요한 물건은 자전거입니다. 자전거를 사기 위해 ~한 방법으로 예산을 마련할 계획입니다. 자전거의 ~점과 ~점을 고려해 주세요. 부족한 부분을 말씀해 주시면 깊게 생각하여 해결 방법을 준비하겠습니다. ~한 이유로 부모님께 자전거를 사달라고 부탁드립니다.</td></tr>
</table>

4. 경제 계획서를 잘 살펴보고, 아이의 발표를 한 번 더 들어보세요. 그리고 질의응답 시간을 통해 아이가 심층적으로 생각해 볼 수 있는 기회를 주세요. 여기서 중요한 점은 경제 계획서나 아이의 발표가 부족한 경우에는 쉽게 넘어가서는 안 된다는 것입니다. 자칫 잘못하면 아이는 '내가 원하는 물건이 있을 때는 경제 계획서를 대충 쓰고 말하면 되는구나!'라고 생각하게 됩니다. 아이에게 본인의 노력으로 부모를 설득하는 과정이 반드시 필요하다는 것을 느끼게 하세요. 또 첫 활동 때는 많이 도와주고, 점차 아이 스스로 계획서를 작성하고 질의응답을 준비하도록 해 주세요. 아이는 자신이 원하는 바를 얻기 위해 모르는 사이에 정보처리능력과 의사소통능력을 겸비하게 됩니다.

영균쌤의 코칭 포인트

경제 계획서 작성하기 활용법

경제 계획서를 작성하는 활동을 학교교육과정 또는 융합교육과 연계시켜 진행할 수 있습니다. 융합 인재 교육(STEAM)이란 Science(과학), Technology(기술), Engineering(공학), Art(예술), Mathematics(수학), 다섯 가지 학문을 접목하여 함께 가르치는 교육방식을 말합니다. 이러한 STEAM 교육을 경제 계획서 활동에도 쉽게 변형하여 적용해 볼 수 있습니다.

자녀의 연령, 발달특성, 흥미를 고려하여 경제 계획서를 다양한 방식으로 써 볼 수 있게 해 주세요. 물건을 구매했을 때 어떻게 활용할 것인지 자화상을 그려보게 하거나 구매한 물건을 자신의 방 안에 어떻게 배치할지 수학 측정 단원과 연계해 볼 수 있으며, 실과 교육과정의 가정생활 단원과 연계하여 어떻게 정리하고 관리할지를 이야기해 볼 수도 있습니다. 수학, 과학, 음악, 체육, 미술 등 자녀가 좋아하고 관심을 갖는 학문을 접목하여 경제 계획서를 작성하게 하면 학습 의욕도 상승하고, 어떻게 하면 부모님을 잘 설득할 수 있을지 고민하면서 의사소통능력도 길러집니다.

경제 계획서 작성과 교육과정, STEAM 교육을 접목하는 방법

[수학] 주어진 예산 안에서 사고자 하는 품목의 가격대 정보, 구매 개수 등을 활용하여 사칙연산 연습 활동

[수학] 구매할 물건의 크기를 알아보고, 물건을 둘 공간을 측정하여 비교해 보는 활동

[국어] '부모님께 요청하는 글' 부분과 국어 교과서를 연계하여 마음을 전하는 글의 구성요소, 주장하는 글의 형식, 뒷받침 근거의 판단 조건 등 수업시간에 배운 내용을 활용하며 글을 쓰는 활동

[도덕] '나의 다짐' 부분을 적으며 그동안 자신의 언행, 사고과정, 가치관, 생활태도 등을 성찰하고 자아개념을 인식하는 활동

[실과] '물건의 가치와 이유' 부분을 적으며 5, 6학년 실과 가정생활 단원을 연계, 자신이 구매하려는 물건이 우리 가정에 어떠한 영향을 줄 수 있는지, 가정 일에 어떠한 도움을 줄 수 있는지 생각해 보는 활동

[미술, 체육, 음악] 구매했을 때 좋은 점, 걱정되는 점을 자신이 좋아하는 예술 활동을 통해 표현해 보는 활동

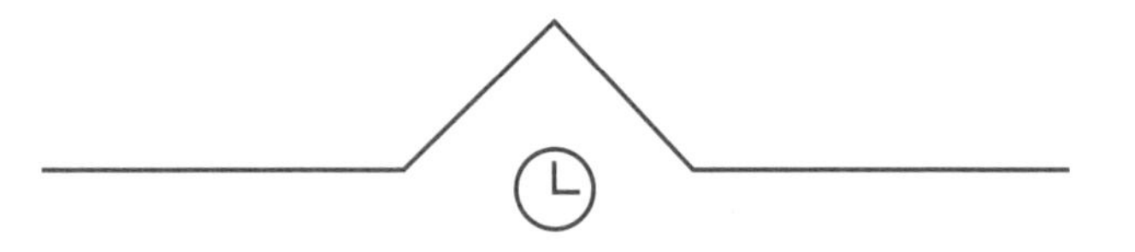

가상 직업체험 2

우리 아이만의 포트폴리오 만들기
활동지 5를 활용하세요!

요즈음 아이들에게 꿈꾸는 장래희망을 조사하면 항상 상위권에 오르는 것이 바로 '유튜버'입니다. 저 또한 아이들의 바람대로 유튜브 활동을 시작하긴 했지만, 이것이 생각보다 쉽지 않다는 것을 곧바로 깨달았습니다. 하지만 아이들은 화려하고 재미있어 보이며 자극적인 모습만 보고는 유튜버를 꿈꾸기 마련입니다. 이러한 아이들의 꿈을 응원하는 부모님도 있겠지만, 반대로 걱정하는 부모님도 많으리라 생각됩니다. 여기에서는 부모의 걱정과는 별개로 이러한 아이들의 관심사를 교육적으로 승화시키는 방법에 대해 설명하겠습니다. 아이들이 관심과 흥미를 가지기 쉬운 분야인 만큼 더욱 다양하고 교육적인 창작활동이 가능하다는 것을 알아주세요! 아이들이 유튜버를 꿈꾼다면 무언가를 창작하는 작가, PD, 음악가, 안무가 등의 다양한 직업과 관련시켜 활동을 진행하면 됩니다.

1. 유튜브나 SNS에서 아이들이 원하는 꿈을 검색합니다. 다양한 콘텐츠들을 살펴보고 아이가 자신의 꿈과 가장 가깝다고 생각되는 콘텐츠들을 여러 개 정할 수 있도록 해 주세요. 아이들이 자료를 찾는 것은 한계가 있으므로 여러분이 직접 검색하여 선택지를 제공하면 더욱 알맞은 자료를 찾을 수 있을 것입니다. 여기서 말하는 콘텐츠란 유튜브 영상만을 지칭하는 것이 아니라 매체나 미디어를 통해 사람들에게 전파시킬 수 있는 모든 글, 영상, 작품 등을 포함하는 개념이라는 것을 알려주세요.

2. 자신의 꿈과 가깝다고 생각한 콘텐츠들 중 2~3개만 정해 아이와 함께 살펴보세요. 그리고 무엇에 끌렸는지, 어떤 점이 매력적이라고 생각했는지 등 다양한 질문을 던져 아이의 생각을 심층적으로 파악해 주세요.

예시

- 이러한 직업, 콘텐츠들을 고른 이유는 무엇이니? 어떠한 점이 매력적이라고 생각했니?
- 이러한 활동들이 너에게 주는 의미는 무엇이니?
- 이러한 콘텐츠들을 만들기 위해서 어떠한 과정이 필요하다고 생각하니?
- 콘텐츠들을 제작할 때 어떠한 점이 어려울 것 같다고 예상되니?
- 네가 직접 콘텐츠를 만들어 본다면 어떠한 콘텐츠를 만들어 보고 싶니?

3. 아이가 만들고 싶어 하는 콘텐츠를 몇 가지 살펴보고, 기존의 자료들을 참고하여 작품 계획서를 작성해 봅니다. 시놉시스나 콘티라고도 부르는 작품 계획서를 작성하며 콘텐츠를 제작하는 과정을

온전히 느낄 수 있게 해 주세요. 여기서는 각종 주제를 영상 콘텐츠로 만드는 것을 기준으로 설명하겠습니다. 영상 콘텐츠 하나를 실제 만들어보는 것을 주제로 프로젝트 활동을 운영하는 것이며, 무료 어플을 통한 간단한 영상편집까지 하는 것을 목표로 합니다. 시중에 무료 영상편집 어플이 많이 있으니 활용해 보세요.

<table>
<tr><th colspan="3">콘텐츠 제작 계획서</th></tr>
<tr><td>콘텐츠 이름</td><td colspan="2">내가 바로 아이돌 댄스 전문가</td></tr>
<tr><td>콘텐츠 분야</td><td colspan="2">아이돌 댄스, K-POP</td></tr>
<tr><td>관련 진로</td><td colspan="2">가수, 안무가, 공연 기획자, 음악방송 PD 등</td></tr>
<tr><td>준비물</td><td colspan="2">안무, 노래, 카메라, 휴대폰 거치대, 이어폰, 편집 어플 등</td></tr>
<tr><th colspan="2">영상 장면 계획</th><th>유의할 점</th></tr>
<tr><td>#1
영상 인트로</td><td>장소: 아파트 놀이터
소리: 트와○○ 노래
시간: 5초
내용: 가장 자신 있는 음악에 맞추어 신나게 프리댄스를 추는 모습</td><td>인트로 영상은 보는 사람의 흥미를 끌어낼 수 있으므로 최대한 신나는 동작과 다양한 각도로 영상 찍기</td></tr>
<tr><td>#2
곡 설명하기</td><td>장소: 집 거실
소리: 잔잔한 배경음악
시간: 20초
내용: 안무가로서 춤을 알려주기 위한 간단한 설명을 함.
대사: 안녕하세요. 저는 안무가 꿈나무 ○○○입니다. 오늘 알려드릴 춤은~</td><td>• 설명은 너무 길게 하지 않고, 목소리가 잘 들릴 수 있도록 또박또박 말하기
• 말하는 타이밍에 맞게 영상편집 시 자막을 달기</td></tr>
<tr><td>⋮</td><td>⋮</td><td>⋮</td></tr>
<tr><td>고려 사항</td><td colspan="2">• 영상을 찍을 때 소리가 잘 담기는지 반드시 확인하기
• 영상을 찍고 나서 내가 원하는 바가 제대로 담겼는지 확인하기
• 춤을 추기 전 후에 시간 여유를 두어 편집하기 편하게 촬영하기</td></tr>
</table>

제작 후 소감
내가 평소에 관심 가지던 분야를 주제로 직접 콘텐츠를 만들어본다는 것이 참 의미 있었다. 영상을 통해 나 스스로를 살펴보니 기특한 점도 있었지만 아쉬운 부분들도 보였다. 내가 좋아하는 것을 더욱 잘 즐기기 위한 과정에도 노력이 필요한 것을 알았다. 나의 취미를 잘 계발하여 진로에 도움이 될 수 있었으면 좋겠다.

영균쌤의 코칭 포인트

교과서와 연계한 영상 만들기

자녀가 5~6학년군에 해당되는 나이라면 국어, 사회, 음악, 미술, 실과 활동에 반드시 영상 만들기 활동이 포함되어 있습니다. 교육과정도 아이들이 창의력을 발휘하여 다양한 콘텐츠를 만들어 보며 문화향유형 인재가 되는 것을 목표로 합니다. 따라서 아이가 특별히 원하는 주제가 없거나 하고 싶은 활동이 없을 경우 교과서를 살펴보고 활동을 연계하여 진행할 수 있습니다. 아래에 제시하는 교과목별로 접목 가능한 단원을 참고하여 자녀의 교과서 목차를 살펴보고 관련 단원을 찾아 내용을 알아두세요.

예시 (6학년 기준)

국어: 연극 단원 / 뉴스 단원 / 광고 적절성 판단 단원 / 독서 단원 등
사회: 지역사회 문제 해결 단원 / 인권과 법 단원 등
실과: 소프트웨어 단원 / 로봇 단원 / 가정일 단원 등
음악: 표현 단원 / 생활화 단원 / 각 제재곡 중 마지막 활동 등
미술: 사진 단원 / 연극 단원 / 현대미술 단원 / 생활화 단원 등

4. 콘텐츠 제작 계획서가 마무리되면 필요한 준비물을 챙겨서 직접 촬영에 들어갑니다. 아이들은 영상촬영 자체는 쉽게 해내곤 하지만, 촬영 시 고려해야 하는 구도나 소리에 대한 부분은 어려워합니다. 촬영이 시작되기 전에 몇 가지 예시를 보여주고 직접 따라 해 볼 수 있게 합니다. 가능하다면 여러분이 촬영을 직접 진행하고 감독하면 더욱 좋습니다.

5. 촬영이 끝나면 아이와 함께 앉아서 영상을 편집해 봅니다. 편집은 대부분 여러분이 해야겠지만 각종 사항은 아이가 고민하고 선택할 수 있도록 해 주세요. 시중에 나와 있는 무료 영상 편집 어플리케이션을 활용하면 영상 자르기, 붙이기, 노래 입히기, 자막 달기 등을 쉽고 간편하게 할 수 있습니다.

6. 작품이 완성되면 자녀의 요청에 따라 유튜브 채널을 개설하거나 운영하는 블로그, SNS에 게시해 볼 수 있습니다. 가족 단체 채팅방에 올리거나 친구들에게 공유하는 등 자신이 직접 만든 콘텐츠를 주변에 알리며 성취감과 진로에 대한 자신감을 얻게 됩니다. 영상의 완성도나 수준은 중요하지 않으며, 스스로의 꿈을 위해 노력했다는 점과 계획을 세워 결과물을 만들어냈다는 과정에 의미를 부여할 수 있도록 칭찬해 주세요.

7. 활동이 마무리된 뒤에 다양한 질문을 통해 정리 활동을 진행합니다.

예시

- 직접 콘텐츠를 만들어 본 소감은 어떠니?
- 네가 콘텐츠를 만들면서 겪었던 어려움은 어떠한 것이 있니? 활동 전에 예상했던 것과 비교해 보니 어때?
- 이번 직업 활동의 특징과 너의 성격을 비교해 보면 어떤 점이 잘 맞는 것 같니?
- 이번 직업 활동의 특징과 너의 성격을 비교해 보면 어떤 점이 잘 맞지 않을 것 같니?
- 미래 사회에서는 어떤 콘텐츠들이 경쟁력이 있다고 생각하니?

가상 직업체험 3

우리 아이만의 포트폴리오 만들기
활동지 5를 활용하세요!

집에서 가상으로 직업을 체험해 볼 때 큰 준비가 필요하지 않은 직업군에는 어떤 것들이 있을까요? 아마 여러분도 짐작하는 것처럼 요식업 계열이지 않을까 생각해 봅니다. 요리사나 파티쉐와 같은 직업을 희망하는 자녀가 있다면 아래의 방법을 활용해 보세요. 요리의 종류나 방법은 정해져 있지 않습니다. 다만 아이들이 하고 싶은 활동을 직업과 연관시켜 실제로 체험해 보는 것에 중점을 두고 진행하세요. 활동은 단순해 보이지만 그 과정에서 부모가 제시하는 다양한 질문들이 중요하답니다.

1. 먼저 자녀가 관심을 가지는 요리사, 파티쉐 등에 대해 자유롭게 정보를 찾아보게 하세요. 자신이 꿈꾸는 직업과 자신의 모습을 마음껏 상상할 수 있는 기회를 주세요. 그리고 나서 자신이 상상한 모습

에 대해서 하나씩 떠올려 이야기하게 하는 것입니다. 다양한 질문을 통해 심층적으로 이야기를 나누어 봅시다.

예시

- 어떤 요리를 만드는 사람이 되고 싶니? 그렇게 생각한 이유를 구체적으로 말해 줄 수 있니?
- 어떠한 점이 매력적이라고 생각했니?
- 네가 예상하는 그 직업의 장점(단점)은 무엇이라고 생각하니?
- 네가 생각하기에 그 직업이 너와 얼마나 잘 맞을 것 같니? 10점 만점에 몇 점 정도로 생각하니? 그 이유는 무엇이니?

2. 자녀가 말했던 여러 요소들을 고려하여 가정에서 직접 만들어 볼 수 있는 간단한 요리를 선정합니다. 현실적으로 진행 가능한 요리를 하나 정해서 자녀가 직접 정보를 찾아보고 레시피를 작성하게 하세요. 요리의 주제와 필요한 재료, 도구부터 작업 순서, 유의할 점과 안전 수칙까지 모두 아이가 직접 생각해 보게끔 지원해 주세요. 다음 표의 내용은 예시이므로 계획한 내용에 맞게 최대한 자세하고 상세하게 기록하면 됩니다.

직접 정보를 찾는 것을 어려워하면 여러분이 곁에서 도움을 주거나 구체적인 레시피를 직접 전해 주어도 좋습니다. 다만 아이들이 처음부터 끝까지 과정을 체험하는 것이 교육적 효과는 더욱 높습니다.

<table>
<tr><th colspan="3">내가 만드는 요리 레시피</th></tr>
<tr><td>요리 이름</td><td colspan="2">고기 비빔밥 만들기</td></tr>
<tr><td>필요한 재료</td><td colspan="2">고기, 당근, 콩나물, 상추, 고사리, 쌀, 참기름, 식용유 등</td></tr>
<tr><td>필요한 도구</td><td colspan="2">가스레인지, 프라이팬, 주걱, 뒤집개, 키친타올, 쟁반, 접시 등</td></tr>
<tr><th colspan="2">작업 순서</th><th>유의할 점</th></tr>
<tr><td>1</td><td>각종 재료를 정리하고 순서에 맞게 씻는다. (채소에 남아 있는 농약을 제거하기 위해 베이킹소다, 식초 등을 활용한다.)</td><td>*채소에 남아 있는 농약을 제거하지 않으면 몸에 나쁜 성분이 남아 해로울 수 있으므로 깨끗하게 신경 쓴다.</td></tr>
<tr><td>2</td><td>도마와 식칼, 식기도구를 활용하여 재료를 손질한다.</td><td>*채소류, 육류, 생선류 등 재료의 종류에 따라 도마를 나누어 사용하고, 식칼의 위생을 관리하기 위해서는 재료를 다지는 순서도 중요하다.</td></tr>
<tr><td></td><td>⋮</td><td>⋮</td></tr>
<tr><td>안전 수칙</td><td colspan="2">*요리 과정에서 발생할 수 있는 위험 요소를 정리해 봅시다.
• 식칼을 사용할 때 고양이 손 자세를 활용하여 베임 유의하기
• 항상 손과 식기 도구를 깨끗하게 씻어 식중독 예방하기
• 불을 사용할 때 화상이나 화재의 위험이 있음을 알고 안전하게 사용하기</td></tr>
<tr><th colspan="3">요리 완성 후 소감</th></tr>
<tr><td colspan="3">평소에 부모님이 음식을 해 주시거나 바깥에서 사 먹기만 하다 보니 요리를 한다는 것이 이렇게 어려운 일인지 몰랐다. 그리고 내가 생각했던 요리사는 재료들을 넣어서 만들기만 하면 되는 줄 알았는데, 생각했던 것과는 다르게 신선한 재료를 선별하고 준비하는 것도 힘이 든다는 사실을 깨달았다. 요리 또한 하나의 작품이라는 사실을 알았고 식사할 때마다 감사한 마음을 가져야겠다고 생각했다.</td></tr>
</table>

영균쌤의 코칭 포인트

실과 교과서 활용하기

자녀가 고학년이라면 학교에서 쓰는 실과 교과서를 같이 활용해 주세요. 현재 실과 교육과정에는 안전한 식재료를 선택하고 활용하기까지의 내용이 전부 담겨 있습니다. 또한 영양소의 중요성과 식품구성 자전거를 활용하여 균형 잡힌 식사를 구성해 보는 것까지 함께 진행할 수 있습니다. 학교 실과 교과서를 펴두고 자녀가 준비한 요리와 교과서의 내용을 하나씩 비교해가며 스스로 발표할 수 있게 해 보세요. 학교에서 배운 내용을 가정에서 연계하여 가르치게 되면 이론과 생활의 조화로 아이들의 식습관 교육까지 가능해집니다.

3. 레시피가 작성되면 필요한 재료들을 함께 준비합니다. 그리고 자녀가 어떻게 요리를 할지 구체적인 방법을 스스로 생각해 보게 하고 여러분 앞에서 발표할 수 있는 기회를 주세요. 올바른 방법이 아니더라도, 실패가 예견되더라도 아이의 의견을 존중하고 그대로 이해해 주세요.

4. 안전에 유의하며 요리를 직접 만들 수 있게 도와주세요. 아이의 연령이나 발달단계에 따라 부모님의 개입 정도는 달라집니다. 다만 아이들이 내가 '직접' 요리를 만들고 있다는 것을 느끼고 체험할 수 있게 분위기를 형성해 주세요. 재료의 준비부터 조리 과정, 뒷정리까지 모든 부분을 함께 진행하며 아이가 일련의 과정을 몸소 느낄 수 있도록 해 주세요.

5. 요리가 완성되면 아이와 함께 맛있게 시식하며 다양한 이야기를 나누어 보세요. 여러 가지 질문을 통해 자녀가 느낌과 생각을 구체화할 수 있게 해 주세요. 체험 활동을 진행하는 것보다 과정 속에서 어떠한 것을 깨닫게 되었는지가 더 중요합니다. 아이들은 혼자서 심층적인 사고를 하기 힘들어하므로 다양한 질문을 통해 아이들의 사고를 일깨워야 합니다. 그리고 함께 나눈 이야기들을 간단하게라도 기록해 보도록 합니다.

예시

- 요리사라는 직업은 어떤 점이 좋은 것 같니?
- 요리사라는 직업은 어떤 점이 힘들 것 같니?

- 네가 요리하기 전에 상상했던 것과 직접 해 본 것은 어떤 점이 달랐니?
- 요리사라는 직업의 특징과 너의 성격을 비교해 보면 어떤 점이 잘 맞는 것 같니?
- 요리사라는 직업의 특징과 너의 성격을 비교해 보면 어떤 점이 잘 맞지 않을 것 같니?
- 네가 생각하는 미래의 요리사는 어떤 직업일 것 같니?
- 미래 사회에 필요한 요리사가 되기 위해서는 앞으로 네가 어떻게 하면 좋을 것 같니?

PART 6

진로를 위한

독서교육은

어떻게 할까?

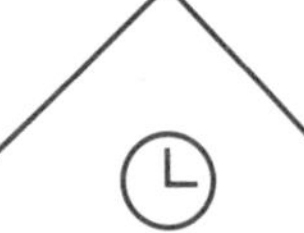

독서교육에도 트렌드가 있다?

우리 아이만의 포트폴리오 만들기
활동지 6을 활용하세요!

아이의 언어구사능력, 의사소통능력을 키워 주고 진로교육과 인성교육까지 할 수 있는 독서교육, 그 중요성은 여러 번 강조해도 지나치지 않습니다. 그래서 이번에는 독서교육을 활용하여 진로교육을 하는 방법을 이야기해 보려 합니다. 그전에 먼저 독서교육이 무엇인지, 또 최근 학교에서는 어떤 방식으로 독서교육을 진행하고 있는지 알아보겠습니다.

초등학교에 다니던 시절을 떠올려보면 머릿속에 강하게 남아 있는 기억 중 하나가 바로 독후감 쓰기입니다. 담임 선생님은 주기적으로 책을 읽고 독후감을 작성해 오라고 하셨고, 책 10권 읽고 독후감 10편 쓰기 같은 방학숙제는 항상 있었지요. 그래서 포털사이트에 ○○책 줄거리 또는 감상문을 검색하곤 했습니다. 그 당시 독서교육의 목표는 아이들이 독서 활동을 생활화하고, 책을 통해 다양한 지식과

정서를 함양하는 것이었습니다.

그렇다면 요즘 시대 독서교육의 핵심은 무엇일까요? 그리고 어떠한 방식으로 진행될까요? 최근에도 이전과 같은 방식의 독후감 또는 독후기록장 쓰기처럼 책을 읽고 줄거리와 감상을 적어오는 활동을 하기도 하지만 이제는 추구하는 방향이 조금 달라졌습니다. 이전에는 아이들이 책을 읽어가며 문해력을 기르는 것을 중요시했다면, 지금은 책을 읽되 양은 중요하지 않다, 진득하게 한 권에 푹 빠져서 읽는 것이 중요하다고 생각하는 추세입니다. 또 책을 통해 자신의 생각을 정리하고 다양한 감상이나 의견을 제시해 보는 것이 핵심이 되었지요.

책을 읽고 기나긴 독후감을 쓰는 것보다 아이들이 직접 자신의 생각을 정리해 보고 표현하는 것이 중요합니다. 그래서 저도 다양한 독후 활동을 진행해 보고 있습니다. 몇 가지 방식을 소개하겠습니다.

독후감 활동방법	
한 줄 독후감	자신이 생각하는 책의 주제나 작가의 의도, 자신의 생각을 정리하여 한 줄로만 적습니다. 한 줄씩 적은 독후 기록들을 포트폴리오처럼 모아보고, 일정 기간이 지난 뒤 기록에 대한 감상을 한 번 더 적어 봅니다.
감상 중심 독후감	책의 줄거리에 대해서는 절대 적지 않고 오로지 자신의 생각, 의견, 감상만을 적습니다. 자신이 이 책을 통해 깨달은 점, 알게 된 점, 좋았던 점, 아쉬운 점, 이야기(토의)해 보고 싶은 점, 비판할 점 등에 대해 자유롭게 작성합니다.
한 단어 독후감	책에서 이야기하는 주제가 무엇인지 생각해 보게 합니다. 그리고 이 주제를 나타낼 수 있는 핵심 단어를 하나 정하게 합니다. 그리고 내가 왜 그 단어를 선택했는지 이유를 설명하게 합니다. 책의 줄거리나 나의 감상을 적기보다 내가 왜 이 단어를 선택했는지 설명하는 느낌의 독후감을 작성해 보게 합니다.

작가 연계 독후감	자신이 관심 있는 분야 혹은 좋아하는 작가의 책을 고르게 합니다. 자신이 고른 책을 우선 한 권 읽습니다. 그리고 책에 나오는 이야기의 주인공, 배경, 사건을 간단하게 정리해서 간단하게 적어 보게 합니다. 그러고 나서 작가가 이야기하고자 하는 주제는 무엇인지 떠올려 봅니다. 첫 번째 활동이 끝나면 똑같은 작가가 쓴 다른 책을 이어서 읽어 보게 합니다. 두 번째 책도 마찬가지로 여러 사항들을 정리해 보게 하며 첫 번째 책과 어떠한 공통점이 있는지, 차이점이 있는지, 작가의 의도나 관점은 어떠한지에 대해 생각해 보게 합니다. 이러한 식으로 한 작가의 여러 책을 연계하여 읽어 보는 것을 상호 텍스트 연계활동이라고 하는데, 교육과정에서도 강조하고 있는 활동 중 하나입니다.

이 방법들은 아이들을 독서 활동에 더욱 몰입하게 하고, 흥미를 이끌어내는 데 유용합니다. 아이가 원하는, 또 아이에게 맞는 것을 자유롭게 골라 활용해 보세요. 줄거리와 감상을 길게 풀어 적던 이전의 방식은 아이들이 독서 활동에 부담을 느끼게 했습니다. 하지만 이제는 독서 활동도 양보다는 질, 그리고 자신이 좋아하는 방식으로 다채롭게 감상을 표현하는 것을 중요시합니다. '책을 읽는 것보다 독후감 쓰는 게 귀찮아!'라며 독서 자체를 싫어하는 아이들의 생각을 바꾸고 책을 좋아할 수 있게 해 주세요.

독서 활동은 아이들의 식견을 넓혀주고 다양한 간접 경험을 가능하게 합니다. 독서는 진로를 계획하고 설계하는 데 또 하나의 중요한 가이드라인이 되기도 합니다. 아이들이 자신을 이해하고 다양한 직업정보를 탐색하며 경험하는 것에 한계가 있을 때, 책을 적극적으로 활용해 보세요. 글만 보는 것이 아닌, 내용을 이해하고 몰입하는 독서교육이 필요한 시대입니다. 책에 흠뻑 빠져드는 만큼 책의 가르침이 아이들의 미래를 위한 기반이 될 것입니다.

책으로 진로교육을 한다고요?

먼 옛날부터 책은 중요시되었고 학문에 있어서 빼놓아서는 안 될 것이 되었습니다. 현대 사회에서는 교육을 위해서도 책을 빼놓을 수 없지요. 책을 통해서 전문가의 지식을 전달받고, 타인의 삶을 엿보거나 간접적으로 경험하는 등 다양한 방법으로 활용이 가능하기 때문입니다. 또 책은 우리 아이들이 자신을 이해하고 미래를 꿈꿀 수 있는 진로교육의 원동력이 될 수 있습니다.

독서교육을 진로교육의 도구로 활용할 수 있다고 하면, 사실 구체적인 방법을 떠올리기 쉽지 않습니다. 어떠한 독서 활동들이 있는지, 어떠한 방식으로 진로교육을 진행해 보면 좋을지 막연하기 때문이지요. 독서교육과 진로교육을 연결해서 진행하기 위해서는 부모님도 연구를 해야 합니다. 내 아이의 진로 특성에 따라 어떠한 책을 고르고, 어떠한 방식으로 독서 활동을 하고, 어떠한 진로교육을 진행하면 좋을지에 대해서 말입니다.

이번에는 아이들의 진로발달 특성을 살펴보고 이를 독서교육과 연관시켜 보겠습니다. 진로발달을 연구한 긴즈버그라는 학자는 직업을 선택하는 과정에는 네 가지 요소가 영향을 끼친다고 말했습니다. 바로 인간의 가치관, 정서적 요인, 받은 교육의 양과 종류, 그리고 실제로 처한 상황적 여건입니다. 그리고 그는 초등학생 시기를 환상적 단계와 시험적 단계로 구분했습니다.

우리 아이가 어떤 시기에 있는지에 따라 독서교육방법은 달라져야 합니다. 다음 표를 보고 우리 아이 나이대에는 어떤 진로발달 특성이 있는지 살펴보세요. 그리고 그 시기의 아이들이 독서 활동을 하면서 어떠한 방식으로 진로에 대해 고민해 보면 좋은지 알아보세요. 진로교육을 위한 독서 활동을 할 때 '어떠한 점에 중심을 두고 책을 읽으면 좋을까?'라는 질문에 대한 답을 생각해 보기 바랍니다.

독후감 활동방법

단계	시기	진로발달 특성	독서교육방법
환상적 단계	초등학교 1~4학년 (6~10세, 아동기)	• 자신이 하고 싶은 일을 생각할 때 현실적인 요소를 고려하지 않습니다. • 자신이 원하는 것은 무엇이든 할 수 있다고 생각합니다. • 자신의 욕구가 자신이 원하는 진로이자 꿈이라고 생각합니다. • 놀이 활동을 통해 자신이 원하는 일을 표현합니다.	• 독서를 통해 다양한 직업의 정보를 알아볼 수 있도록 해 주세요. • 직업이 무엇인지, 올바른 직업관을 가질 수 있도록 해 주세요. • 직업에 대한 편견을 갖지 않도록 해 주세요. • 자신의 삶이 얼마나 중요한지, 자신의 삶의 목표는 무엇인지 생각해 보게 해 주세요. • 꿈을 이루기 위해서는 자신이 노력해야 함을 알려주세요.

시험적 단계	초등학교 4~6학년 (11~17세, 청소년 초기)	• 초기에는 자신의 흥미나 취미를 중심으로 꿈을 연결시킵니다. • 성장해 나가면서 자신의 능력을 판단해 보고, 자신의 능력으로 가능한 범위 안에서 장래희망을 정합니다. • 자신이 원하는 것은 무조건 가능하다고 생각하는 시기를 뛰어 넘어 현실적인 상황이나 여건을 고려하게 됩니다. • 각 직업에서 요구하는 조건이 무엇인지를 파악하며, 그 조건을 자신이 달성할 수 있는지를 따져보고 장래희망을 꿈꾸게 됩니다.	• 자신의 흥미나 취미 분야를 중심으로 장래희망을 꿈꾸므로 관심 분야나 적성에 대해 확인해 볼 수 있는 도서를 골라 읽어 보게 해 주세요. • 독서를 통해 자신이 누구인지, 좋아하고 싫어하는 것은 무엇인지 등과 관련된 자아개념을 형성해갈 수 있도록 해 주세요. • 주인공의 성장 과정을 통해 자신이 앞으로 해야 할 일들에는 무엇이 있는지 확인하고 준비해 볼 수 있도록 해 주세요. • 자녀가 관심을 가지는 분야에 대해 긍정적인 가치관을 가질 수 있는 책을 읽어 보게 해 주세요. • 독서를 통해 다양한 진로 정보를 탐색하고, 찾은 정보와 자신의 특성을 비교해 볼 수 있는 책을 읽게 해 주세요.

초등학생 시기에도 저 · 중 · 고학년별 특성이 다르기 때문에 우리 아이가 어느 정도의 발달단계에 위치하고 있는지 확인해야 합니다. 초등학생 시기의 저~중학년은 환상적 단계에 해당하는 경우가 많고, 중~고학년의 경우 시험적 단계에 접어든 경우도 있을 것입니다. 중요한 것은 지금 필요한 것이 무엇인지입니다. 내 자녀가 다양한 직업에 대해 관심을 가지고 있는 시기라면 여러 직업정보를 탐색해 볼 수 있는 독서 활동이 우선되어야 합니다. 반대로 아직 직업에는 관심이 없지만 자신에 대해, 자아개념에 대해 관심을 가지고 있다면 자아개념 확립에 도움이 되는 독서 활동을 해야 합니다. 우리 아이가 진로 설계에서 가장 필요로 하는 것은 무엇인지, 그리고 그 점을 해소해 줄 수 있는 독서 활동은 무엇이 있을지 살펴보세요.

학교에서는 어떻게 독서교육을 하나요?

독서교육의 트렌드는 변화했지만 독서의 중요성만큼은 오랜 시간 동안 절대적인 가치로 인정받았습니다. 학교에서도 항상 아이들에게 다양한 책을 읽어 볼 수 있도록, 책에 흥미를 가지고 올바른 독서 습관을 기를 수 있도록 노력하고 있지요. 그런데 많은 분들은 학교에서의 독서교육이라고 하면 아이들에게 책을 읽히고 독후감 숙제를 내주고 검사하는 것 정도로 막연하게 생각하는 경우가 많을 것 같습니다. 학교에서 이루어지는 독서교육 과정을 이해하면 가정에서도 이와 관련한 연계학습이 가능해지고 교과서를 활용한 진로교육까지 할 수 있습니다. 그래서 여기에서는 책을 활용하는 진로교육방법을 소개하기 전에 먼저 학교에서 어떻게 독서교육을 하는지 알아보겠습니다.

국가에서는 올바른 독서 활동, 자기주도적인 독서 활동을 위해 독서를 국어 교육과정에 녹여냈습니다. 이에 따라 아이들은 국어 수업 시간에 독서 단원을 배우게 됩니다. 그리고 더 나아가 독서 활동 과정을 면밀하게 분석하여 독서 활동을 전, 중, 후로 나누어 '과정 중심 독서교육' 체계를 마련했습니다. 학생들이 독서에 흥미를 가지고 독서를 생활화하기 위해서는 어떻게 가르치면 좋을지에 대한 내용을 중점적으로 연구한 결과이지요. 국어 교과서의 독서 단원은 이러한 과정 중심 독서교육에 맞추어 구성되어 있습니다.

과정 중심 독서교육이라니, 말이 조금 어렵게 느껴지기도 합니다. 과정 중심 독서교육은 단어 그대로 과정을 중시하여 독서 활동을 전, 중, 후로 나누어 각 단계에서 하면 좋은 구체적인 활동들을 제시하는 것입니다. 독서하기 전에 하면 좋을 활동, 독서하는 중에 하면 좋을 활동, 독서한 후에 하면 좋을 활동으로 활동들을 나누어 3단계로 구성한 것이지요. 그리고 책의 주제나 난이도에 따라 각 단계의 활동들을 적절하게 선택, 변형, 융합하여 진행합니다. 각 활동은 반드시 글로 써야 하는 것은 아니며, 자녀의 특성에 따라 토의나 발표, 면접, 그림표현 등 다양한 방식을 적용할 수 있습니다. 여기에서는 학교에서의 독서교육이 어떠한 흐름으로 진행되는지, 각 단계별로 어떠한 활동을 하면 좋을지 살펴보기 바랍니다.

독서교육에서 중요한 것은 무엇일까요?

최근 학교에서는 여러 권의 책을 많이 읽는 것보다 한 권의 책을 진득하게 읽는 '온책읽기' 활동을 강조합니다. 온책읽기는 한 권의 책을 온전하게 읽는다는 뜻으로, 책을 읽는 과정에 책 속에 담겨있는 여러 소재들을 활용하여 다양한 교육 활동을 진행하는 것입니다. 한 달 한 권 읽기, 한 학기 한 권 읽기 정도로 긴 기간 동안 한 책을 활용하며, 책은 소재가 되고 토의, 토론, 글쓰기, 예술 활동 등을 적용할 수 있습니다. 이번 파트에서 설명하는 과정 중심 독서 활동이 온책읽기의 진행 방법이라고 생각하면 쉽습니다. 책 속에 온전히 빠져들어 책을 내 것으로 만들고, 책이 가진 교육적 가치들을 흡수할 수 있도록 해 주세요.

이전 시대의 독서 활동처럼 단순히 책을 읽고 내용을 확인하여 이에 대한 감상을 글로 쓰는 것은 좋은 식재료를 일부만 먹고 버리는 것과 같은 행동입니다. 책의 내용에 몰입하여 분석하고 추론하고 비판해 보며 책을 온전히 내 것으로 만드는 것이 진정한 독서교육이라고 할 수 있습니다. 한 권의 책을 읽더라도 그것을 진정 내 것으로 만드는 것이 중요한 것이며 이것이 양질의 독서교육입니다. 그리고 이러한 과정 중심 독서교육은 독서 활동과 진로교육을 연결시킬 하나의 도구가 될 것입니다.

과정 중심 독서교육법 배우기 1
- 독서 전 활동

우리 아이만의 포트폴리오 만들기
활동지 7을 활용하세요!

독서 전 활동에서는 주로 책을 읽기 전에 다양한 추측을 해 보는 활동을 합니다. 제목, 목차, 표지를 통해 이야기의 주제를 생각해 보고, 비슷한 경험은 없는지 떠올려보며, 책을 좀 더 가깝게 느끼도록 해 줍니다. 어떤 활동이든 흥미를 가지고 빠져들 준비가 되어 있지 않으면 책은 독자에게 다가갈 수가 없습니다. 따라서 독서 전 활동은 아이들이 다양한 상상의 나래를 펼쳐보며 책에 몰입하기 위한 준비 단계라고 생각할 수 있습니다.

독서 전 활동	
제목 또는 목차로 내용 추론하기	책의 제목이나 목차의 흐름만 보고 이야기의 내용을 추측해 보는 활동입니다. 추측한 내용에 대해서 글로 쓰거나 토의를 해 볼 수 있으며, 여러 가지 질문을 만들고 답해 보는 활동을 합니다. 왜 그렇게 생각했는지 심층적으로 생각해 보고 구체적으로 표현하는 것이 중요합니다. 책을 읽기 전에 자신이 유추했던 대답과 책을 다 읽은 뒤의 대답이 어떻게 다른지 비교해 보게 하세요. 그리고 책의 표지, 제목, 목차의 역할과 중요성에 대해서 생각해 보도록 합니다.
책표지 보고 내용 추측하기	책 표지에는 이야기의 많은 것들이 담겨 있습니다. 책의 주제, 이야기의 배경, 등장인물 사이의 관계, 적혀 있지 않은 전후의 보너스 이야기 등 다양한 것들이 표현되어 있지요. 따라서 책 표지에 그려진 다양한 그림들을 하나씩 세세하게 살펴보고, 각 요소들이 어떠한 관계들이 있으며 무엇을 표현하고자 했을지 생각해 보는 활동입니다.
작가에 대해 조사하기	작품에는 작가의 무의식적인 의도나 생각이 반영될 수 있습니다. 책을 읽기 전에 작가는 어떠한 사람인지, 어떤 시대를 살았으며, 주로 어떠한 이야기들을 썼는지 배경지식을 쌓는 활동을 합니다. 작가가 여러 작품을 썼을 경우, 각 작품들은 공통적인 색깔을 띨 가능성이 높으므로 다른 책들에 대해서 찾아보는 것도 좋습니다.
그림책 이야기 만들기	그림이나 삽화가 있는 책을 읽을 때 활용하는 방법입니다. 책의 내용은 읽지 않고, 표지부터 이야기 마지막 장까지 빠르게 넘기며 그림만 살펴봅니다. 그리고 자신이 생각하는 이야기의 내용은 무엇인지, 어떠한 사건이 발생했는지, 어떠한 주제를 이야기하고자 하는지 생각해 보게 하세요. 빠르게 살펴본 그림과 삽화만으로 이야기를 상상해 봄으로써 개방적인 사고 방식을 익숙하게 만들고 창의력을 발휘하며 사건의 전체를 바라보는 힘을 길러 봅니다.

과정 중심 독서교육법 배우기 2
- 독서 중 활동

우리 아이만의 포트폴리오 만들기
활동지 8을 활용하세요!

독서 중 활동은 책을 읽어나가는 과정에서 중간중간 책의 가치를 정리하는 것을 말합니다. 독서를 할 때 처음부터 끝까지 정독한 뒤 관련 활동을 해야 한다고 생각하는 경우가 많은데, 책의 가치를 온전히 느끼기 위해서는 중간에 멈추고 책을 음미하는 시간도 필요하답니다. 따라서 필요한 부분에서는 독서를 잠시 멈추고 책과 나를 연결시켜 나가는 활동을 하는 것이 좋습니다.

<table>
<tr><th colspan="2">독서 중 활동</th></tr>
<tr><td>인물 관계도 정리하기</td><td>이야기책에서는 다양한 등장인물들이 등장하여 여러 사건을 해결하며 작가가 전하고자 하는 주제나 깨달음을 전달합니다. 초등학생 아이들은 복잡한 관계를 이해하다 보면 귀찮거나 어려워 관계 파악을 포기하게 되고, 이야기를 온전히 받아들이지 못합니다. 따라서 책을 읽는 동시에 활동지에 주인공을 중심으로 주변 인물의 관계도를 그려나가며 책을 읽어 봅니다.
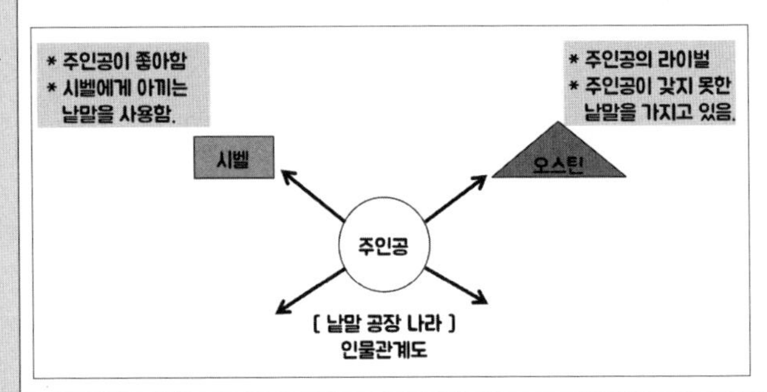
</td></tr>
<tr><td>사건 흐름도 그리기</td><td>모든 이야기에는 흐름이 존재합니다. 기승전결이라고 부르거나 구체적으로 도입, 전개, 발단, 위기, 절정, 결말의 5단계라고도 이야기하지요. 독자는 책을 읽으며 이야기의 흐름에 이끌려가야 합니다. 그리고 그 과정에서 자신도 함께 이야기의 주인공이 되어 고난과 역경을 겪고 심정을 공유하며 책 주제를 온전히 이해하게 됩니다. 이러한 과정을 돕기 위해 책을 읽을 때 이야기의 진행을 도표나 그래프, 흐름도로 정리하며 이야기나 사건의 진행상태와 주인공의 심리적 상태를 함께 정리하며 읽어 봅니다.
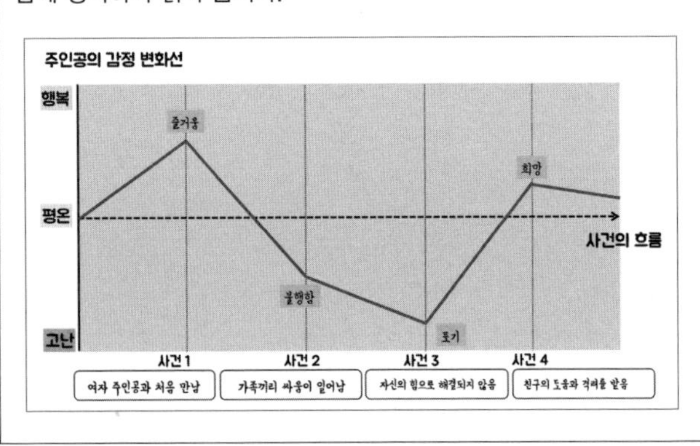
</td></tr>
</table>

질문 만들고 답하기	현재 국어 교과서에서 가장 많이 활용되고 있는 활동입니다. 이야기에 대한 질문을 직접 만들어 보고 답하는 활동이지요. 이야기와 관련하여 여러 질문을 만들어 볼 수 있습니다. • 글에서 답을 알 수 있는 질문 (내용확인) • 자신의 생각이나 다른 사람의 생각을 묻는 질문 • 추측해 볼 수 있는 질문 • 답이 하나 또는 여러 가지인 질문 이야기와 관련지어 다양한 질문을 만들어 보고 자신의 생각, 가치관에 빗대어 답해봄으로써 스스로에 대해 파악하고 분석해 봅니다.
문제 해결 토의하기	대부분의 이야기에는 사건이나 문제 상황이 발생합니다. 그때 책을 계속 읽기만 서는 작가가 의도한 대로 흐름을 따라가기만 할 뿐 이야기를 스스로 해석할 수 없습니다. 따라서 책을 읽는 도중 사건이나 갈등이 발생한 경우 결론이 나기 전에 독서 활동을 잠시 멈추고 '나였다면 어떻게 해결했을까?'라는 질문을 던지며 스스로 생각해 보는 시간을 갖습니다. 글, 토의, 그림, 사진, 음악, 움직임 등 다양한 방법을 활용하여 표현해 볼 수 있으며 해결방법을 떠올리는 과정에서 고등사고능력과 문제해결능력, 의사소통능력을 기를 수 있습니다.
멈추며 읽기	삽화가 없는 글을 읽다 보면 아이들이 재미있다고 느끼는 부분이나 인상적이라고 느끼는 부분을 발견하게 됩니다. 해당 부분이 나왔을 때 이야기를 계속해서 읽는 것도 좋지만 그 부분에 퐁당 빠져 몰입해 보는 시간을 갖는 것도 좋습니다. 흥미롭게 느끼는 부분에서 독서를 멈추고 등장인물에게 질문을 만들어 보고 함께 이야기 나누어 보는 토의활동을 해 봅니다. 또는 그 장면을 그림으로 그려 책 표지, 포스터 만들기 등 예술활동을 해도 좋습니다.

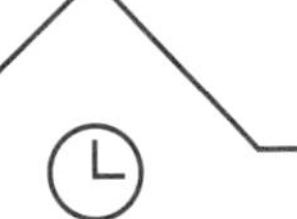

과정 중심 독서교육법 배우기 3 - 독서 후 활동

우리 아이만의 포트폴리오 만들기
활동지 9를 활용하세요!

독서 후 활동은 독서 활동이 끝난 뒤 책의 가치를 재탄생시키는 과정입니다. 기존의 독서방법으로는 책을 50%만 흡수할 수 있었다면, 독서 후 활동을 다양하게 진행하면서 100% 흡수할 수 있게 됩니다. 초등학생 아이들은 책이란 하나의 작품이라서 있는 그대로가 가장 가치 있고 건드려서는 안 되는 존재라고 생각하기 쉽습니다. 하지만 이러한 고정관념을 깨고 자신이 작가가 되었다고 생각하고 책에 대해 이야기해 보거나 제목, 표지, 흐름, 주제 등을 다양하게 바꾸어 보거나 책을 평가해 보는 등의 활동을 통해 책의 의미를 더욱 확장해 나갈 수 있습니다.

<table>
<tr><th colspan="2">독서 후 활동</th></tr>
<tr><td>책 제목
다시
정해 보기</td><td>책의 제목은 이야기의 흐름과 모든 요소들을 담을 수 있어야 합니다. 따라서 이야기에 대해서 심층적으로 이해한 뒤, 책의 주제와 작가의 의도를 반영하여 새로운 제목을 지어 보는 활동을 해 봅니다. 또는 작가의 의도가 아닌 자신의 가치관을 접목시켜 새로운 주제와 제목을 정하고 표현해 보는 활동을 하여 작품을 색다르게 분석해 볼 수 있습니다.</td></tr>
<tr><td>이야기
정리하기</td><td>육하원칙에 따라 책 이야기를 짧게 요약해 보는 활동입니다. 국어 교육과정에서 자주 등장하는 활동으로 아이들이 이야기의 흐름을 이해하고 중요한 사건을 정리하여 주제를 찾아내는 연습을 할 수 있습니다.

• 언제: 어느 시기의 이야기인가?
• 어디: 어디에서 일어난 일인가?
• 누구: 주인공은 어떤 사람인가?
• 무엇: 주인공은 무엇을 했는가?
• 왜: 주인공은 왜 그런 행동을 했는가?
• 어떻게: 사건은 어떻게 전개되었는가?

질문에 먼저 답을 해 보고, 정리한 내용을 바탕으로 이야기의 주제나 교훈을 한 줄로 요약해 봅니다. 그리고 주제나 의미를 자신과 연관 지어 문장으로 적어 보며 언어표현능력을 길러봅니다.</td></tr>
<tr><td>나만의
책 표지
만들기</td><td>그림이나 꾸미기 활동을 좋아하는 경우 자신이 분석한 이야기의 주제를 바탕으로 책 표지를 다시 한 번 꾸며봅니다. 책 제목 다시 정하기 활동과 비슷하나 책 표지 활동은 추가하거나 변경하고자 하는 많은 요소들을 직관적으로 표현할 수 있다는 점에서 차이가 있습니다.

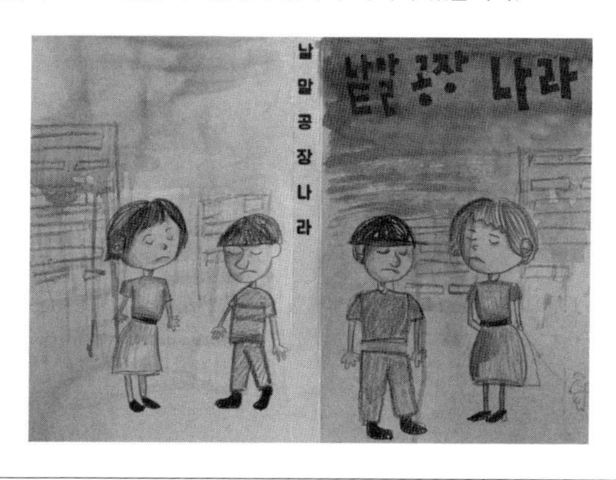
</td></tr>
</table>

책 띠지 만들기	책 띠지란 책 표지만으로 설명하기 힘든 부분을 추가적으로 보충설명하기 위해 책 겉에 두르는 광고지를 말합니다. 띠지는 책 내용 중 인상적인 대사나 장면을 표현하기도 하고, 독자의 궁금증을 증폭시키는 질문을 적기도 합니다. 아이들은 책 띠지를 만들어 보며 책 내용을 요약하고 핵심을 추출하는 연습을 하게 됩니다. 책 전체의 중요한 주제나 논의점을 찾아볼 수 있으며, 자신의 느낌대로 이야기를 재구성해 보는 데 의미가 있습니다. 내용을 색다르게 해석하는 것이 어렵다면 책 안에서 인상적인 장면을 찾아 묘사해 보거나 대사를 찾아 적어 보는 등의 활동으로 바꾸어 난이도를 조절할 수 있습니다.
등장인물 명함 만들기	책 속에 나오는 다양한 등장인물 중 한 명을 골라 그 캐릭터의 성격, 특성, 가치관을 반영한 명함을 만들어 봅니다. 이러한 활동은 학생들이 인물의 성격, 특성을 분석하는 연습을 하게 합니다. 이러한 연습을 반복되면 결국 자신의 성격, 적성을 파악하고 분석할 수 있는 힘을 기르게 됩니다. 한 발자국 물러나 독자로서 책을 쳐다보는 것이 아니라 등장인물에게 자신의 가치관을 빗대어 보는 것이 최종 목표입니다.
작가가 되어 보기	최근 학교 현장에서 많이 하는 독서 행사 중 하나가 작가와의 만남입니다. 책을 정하고 아이들이 그 책에 대해 이해한 뒤 작가를 학교로 직접 초청하여 질의응답, 토의 활동을 하며 책을 더욱 온전히 익히는 활동이지요. 하지만 실제로 작가를 초청하는 것은 매우 어렵습니다. 따라서 교과서에서도 친구들과 함께 책을 읽어 본 뒤 한 명이 작가가 되었다고 가정하고 다양한 질문에 응답해 보는 활동을 합니다. 작가 역할을 맡은 친구도 이야기에 흠뻑 빠져들고 질문을 하는 친구들도 또 다른 이야기를 들으며 의사소통능력을 키워갑니다.
연계하며 읽기	독서 전 활동에서 같은 작가의 여러 책을 비교해 보며 읽는 활동을 소개했습니다. 연관성이 있는 작품들을 함께 읽으며 비교해 보는 활동은 아이들이 다양한 시대와 사회적 상황에 대해 구체적으로 생각해 보는 기회가 됩니다. 작품을 이어서 읽는 것으로 끝나지 않고, 이전 작품과 다음 작품이 어떠한 공통점과 차이점이 있는지, 시간적 · 공간적 배경이 이야기에 주는 영향은 무엇인지를 종합적으로 생각해 보며 읽습니다. • 비슷한 주제를 다룬 이야기나 시들을 연계해서 읽기 • 비슷한 인물이나 사건이 나오는 작품들을 연계해서 읽기 • 시대적 배경이나 공간이 비슷한 작품들을 연계해서 읽기 • 같은 작가가 쓴 다른 작품들을 연계해서 읽기

평론가가 되어 보기	내가 직접 평론가가 되어 책을 평가해 보는 활동을 합니다. 오각형 도식을 활용하여 재미, 그림, 정보, 감동, 교훈 다섯 가지의 기준으로 평가할 수 있습니다. 또는 '자신의 진로에 도움이 되는가?', '나의 미래에 도움이 되는가?' 등의 질문을 추가 항목으로 넣어도 좋습니다. 아이들은 점수를 매기고 왜 그러한 평가를 했는지 설명하며 책에 대해 한 번 더 곱씹어 보게 됩니다.
예술과 연계하여 읽기	책을 다 읽은 후에 자신의 감상을 글로 표현하는 것이 아니라 예술과 연계하여 표현해 보는 활동입니다. 책의 주제를 분석해 본 뒤 이와 관련지어 생각나는 음악이나 미술 작품을 떠올려보게 합니다. 그리고 그 작품을 선정한 이유를 설명하게 하는 활동입니다. 예술 작품을 직접 떠올리는 것이 어렵다면 음악 교과서나 미술 교과서를 펴놓고 고르거나 인터넷에서 여러 작품들을 빠르게 접해 보고 그중에 가장 어울리는 작품을 선택하여 이유를 구상하는 방법으로 난이도를 조절할 수 있습니다.

어떤 책을 골라야 할까요?

막상 진로교육을 위한 독서를 해 보자고 하면 막연하고 어렵게 느껴집니다. 이때는 초등학생들에게 필요한 진로교육은 스스로를 이해하고 다양한 진로정보를 탐색하며 자신과 비교해 보는 것이 핵심이라는 사실을 기억해야 합니다. 아이가 관심을 가지는 책을 골라 다양한 독서 전, 중, 후 활동을 해 보고 그 과정에서 자신을 탐색하고 미래를 그려보게 하는 것이지요.

이번에는 독서과정이 아닌 책의 종류에 따라 어떻게 독서교육을 진행하면 좋을지 알아보겠습니다. 자녀가 선택한 도서에 따라 적절하게 활용해 보세요. 초등학생 아이들이 일반적으로 골라보는 책 중에 진로를 위한 독서교육을 쉽게 적용해 볼 수 있는 종류로는 그림책, 이야기책, 위인전이 있습니다. 만화로 구성된 한자이야기, 궁금한 과학이야기 등의 시리즈들은 아이들에게 인기가 많지만, 그 책들은 각 주제의 정보들을 이미 충분히 담고 있기 때문에 시야를 넓혀 상상하고 탐구하는 진로교육에 활용하기에는 무리가 있을 수 있습니다. 따라서 좀 더 쉽게 가장 일반적이고 접근이 쉬운 세 가지 분야의 책을 중심으로 살펴보겠습니다.

이야기책 진로 독서교육방법	
초등학생 기준에서 이야기책이란 중학교 이후부터 수필 또는 소설이라고 부르는 종류의 글을 통틀어 말합니다. 기본 3요소로 인물, 사건, 배경이 있고, 다양한 에피소드들이 발생하며, 기승전결의 구조로 끝을 맺지요. 소설은 실제로 존재하는 인물이나 이야기는 아니기 때문에 아이들의 무한한 상상력을 자극합니다. 이러한 이야기책을 통한 진로 독서교육의 핵심은 등장인물이나 사건의 흐름을 통해 아이들이 자아개념이나 가치관을 찾아본다는 점입니다. 또한 이야기와 관련된 다양한 활동이나 직업정보를 찾아보는 활동을 할 수 있습니다.	
전	**제목이나 목차를 보고 줄거리 예상해 보기** 책의 내용을 알기 전에 제목이나 목차만으로 이야기를 상상해 봅니다. 등장인물의 이름이나 이야기 구성 등을 통해 책에 대한 호기심을 갖게 합니다.
중	**인물관계도 그리기** 이야기를 읽으며 등장인물의 관계를 마인드맵 형식으로 그립니다. 마인드맵 안에는 인물의 성격이나 가치관, 환경, 직업정보 등을 적습니다. 그리고 이야기의 흐름에 따라 등장인물의 성격이 자신과 어떻게 비슷하고 다른지 생각해 봅니다. 나라면 사건을 어떻게 해결할지 상상해 보며 자신에 대해 알아가는 시간을 갖게 하세요.
후	**책 평가하기** 책을 다 읽고 나서 책의 주제, 구성, 교훈 등을 평가하며 자신에게 어떤 의미를 주는지 분석하게 합니다. 오각형 평가틀이나 점수평가, 수직선평가 등 다양한 방법을 활용할 수 있습니다. 여기서 중요한 것은 자신이 왜 그러한 평가를 했으며 이유는 무엇인지 구체적으로 떠올려보는 것입니다. 또 평가 과정에서 이야기의 주제를 자신의 삶과 연관시켜 스스로를 반성해 보는 활동을 반드시 거치도록 합니다.

그림책 진로 독서교육방법	
주로 낮은 학년의 아이들에게 적합하지만, 이야기의 흐름이나 주제에 따라 고학년에 활용하기도 합니다. 그림책의 특성은 긴 글보다 짧은 글과 그림으로 전해지는 것들이 많다는 점입니다. 따라서 책에 그려진 다양한 삽화들을 세부적으로 살펴보는 활동을 하는 것이 좋습니다. 등장인물들의 표정, 시간이나 공간의 표현, 그림과 글의 조화 등에 초점을 두고 이야기 속에서 자신의 자아개념을 확인하거나 진로 정보를 탐색해 봅니다.	
전	**표지 살펴보기** 그림책의 표지에는 책의 주제, 사건의 힌트, 책에 서술되지 않은 뒷이야기 등 다양한 정보들을 간접적으로 느낄 수 있습니다. 표지를 보고 등장인물들의 성격이나 관계, 직업을 상상해 봅니다. 그리고 추측한 정보들로 펼쳐질 이야기나 사건들을 빠르게 떠올려보는 활동을 할 수 있습니다.
중	**멈추고 기록하기** 그림책은 꼭 천천히 읽어야 합니다. 짧은 글만 보고 빠르게 넘어가는 것이 아니라 그림이 어떻게 그려져 있는지 이야기의 흐름과 연관 지어 세세하게 살펴봅니다. 그리고 그림 속에서 인물의 성격이 드러나는 장면에서는 잠시 멈추어 생각해 봅니다. 인물의 성격은 어떠한지, 왜 그렇게 생각하는지, 성격이 사건에 미치는 영향은 무엇인지 생각해 보며 자신의 가치관과 비교합니다. 또한 등장인물이 직업적 특성을 드러내는 경우 인물의 성격과 직업 사이의 관계에 대해서 자세히 살펴보고 생각하게 합니다.
후	**표지 만들기 또는 책 띠지 꾸미기** 독서 전 활동에서 책의 표지를 보고 여러 활동을 해 보았습니다. 책을 다 읽고 이야기의 주제와 작가의 생각을 분석한 뒤에 내가 생각하는 그림책의 주제를 떠올려봅니다. 그리고 그 주제를 담을 수 있는 나만의 책표지를 만들어 봅니다. 또는 책에 두르는 홍보용 책 띠지를 만들어 보게 하여 가족, 친구들에게 책을 홍보하는 활동을 할 수 있습니다. 여기서도 마찬가지로 그림책을 통해 내가 느낀 것이 무엇인지, 나 스스로에 대해 얼마나 알게 되었는지, 무엇을 반성했는지를 표현하게 합니다.

위인전 진로 독서교육방법	
초등학생들에게는 어떠한 생각, 마음가짐, 태도를 심어주기 위해서는 바람직한 예시나 모범 사례를 제공해 주는 것이 필요합니다. 이를 모델링이라고 하는데, 뛰어나다고 생각하는 인물을 자신과 동일시하며 본받으려고 하는 아이들의 발달특성을 이용한 것이지요. 따라서 관심 있는 직업을 가진 인물 또는 위인을 선택하고 그의 이야기를 따라가며 인물의 성격, 직업적 특성을 분석하여 자신과 비교해 보게 하는 활동을 할 수 있습니다. 독서를 통해 진로교육을 할 때 가장 쉽게 접근할 수 있는 분야의 책입니다.	
전	**위인의 인생과 나 관련짓기** 해당 인물에 대해 간략하게 알아봅니다. 사전조사를 하거나 책에 있는 내용을 참고해도 좋습니다. 생애나 업적을 통해 예상되는 인물의 삶을 생각해 보게 합니다. 어떠한 사건을 겪었을지, 어려움이 있었을지, 어떠한 노력을 해 왔을지 떠올립니다. 그리고 그 생각과 내 삶을 관련시켜봅니다. 내가 겪은 비슷한 문제와 당시 나의 생각, 태도를 떠올려보고 반성해 보는 것이 중요합니다.
중	**질문 만들기** 위인전을 읽다가 인물의 성격이나 가치관을 알 수 있는 대목에서 잠시 멈춥니다. 성격과 가치관은 주로 문제 상황에 처한 인물의 말이나 행동에서 드러나는데, 이 부분을 간략하게 기록합니다. 그리고 동시에 그와 관련된 질문을 한 가지씩 만듭니다. 책을 끝까지 읽고 난 뒤 자신이 만든 질문에 답을 해 보며 인물의 삶과 나의 삶을 비교해 봅니다. 인물의 성격뿐만 아니라 직업적 특성이 드러난 경우에는 직업과 관련된 질문을 만들고 답하며 직업정보를 탐색할 수 있습니다. **예시** • 인물이 이러한 말(행동)을 한 이유는 무엇일까요? • 인물이 역경 속에서 그렇게 한 이유는 무엇일까요? 나라면 어떻게 했을까요? • 인물의 삶 속 아쉬운 점을 꼽아보자면 무엇인가요? • 인물의 성격이 인물의 직업이 잘 어울린다고 생각하나요? • 인물의 성격이 인물의 직업에 유리한 점(불리한 점)은 무엇이라고 생각하나요? • 인물이 과거가 아닌, 현대 사회에 살아 있다면 어떠한 일을 했을 것 같나요?
후	**상장 만들기** 인물의 삶 속에서 본받아야 할 점을 찾아보게 합니다. 자신은 그 부분이 왜 부족한지 생각해 보고, 반대로 인물은 왜 대단한지 생각해 보게 합니다. 그리고 위인을 본받으려는 마음가짐을 바탕으로 상장을 만들어 봅니다. 상 이름, 상 문구를 모두 직접 정하고 꾸며보며 자신도 그 상을 받기 위해 노력하겠다는 마음가짐을 갖도록 합니다.

이외 다른 분야의 책도 충분히 과정 중심 독서 활동이 가능합니다. 다양한 독서 활동에 진로를 연계시켜 자녀가 스스로 자신을 알아갈 수 있게 해 주세요. 진로 독서교육의 핵심은 책을 통해 자신의 성격과 가치관을 파악해 나가는 것, 그리고 부가적으로 다양한 직업정보를 찾아보고 비교하는 것입니다.

책의 내용만 확인하고 넘어가는 것이 아니라 책 한 권에 온전히 빠져들어 나를 물들이고 되돌아보며 앞으로의 방향을 잡아갈 수 있도록 가르쳐 주세요.

영균쌤의 코칭 포인트

독서교육은 진로교육의 첫걸음이 될 수 있어요!

여러 번 강조한 것처럼 초등학생 진로교육의 핵심은 자신에 대한 심층적 이해와 긍정적인 자아개념 형성이 우선입니다. 과정 중심 독서교육이 진로에 어떠한 의미가 있냐며 효율을 따지기보다 독서를 통한 자아성찰이 진로교육의 첫걸음이라고 생각하고 실천해 보세요.

부록으로 제공되는 과정 중심 독서 활동지를 적극적으로 활용하세요. 그리고 아이가 자신에 대해 더욱 넓게, 깊게 알아볼 수 있도록 다양한 이야기를 나눠 보기를 바랍니다.

에필로그

많은 아이와 부모님을 만나면서 찾아낸 공통점이 하나 있습니다. 바로 '아이들은 부모와 똑같다'라는 것입니다. 주변에서도 흔히 하는 말이지만 사실 교사가 되기 전에는 크게 와닿지 않았습니다. 이전에는 그저 '내가 우리 부모님과 닮았나?'라고 생각해 보는 정도였지, 제대로 느낄 기회는 없었기 때문입니다. 친구들과 그 부모님을 보더라도 외모가 닮은 것 말고는 잘 모르겠다고 생각했지요.

담임 교사는 1년 동안 한 명, 한 명, 반 아이들을 매일 보고, 학업과 생활을 지도하며, 희로애락을 같이 합니다. 그리고 자주는 아니지만 부모님들과 연락하고 상담주간에는 심오한 이야기를 나누기도 합니다. 아이 교육을 주제로 눈물까지 보이며 깊은 대화를 주고받기도 하지요. 이렇게 아이와 부모님을 모두 만나는 교사가 된 지금은 부모와 아이는 정말 '똑! 닮았다!'라고 자신 있게 말할 수 있습니다.

지금 이 책을 읽고 있는 여러분의 아이도 분명 여러분과 똑 닮았겠지요? 외적인 모습뿐만 아니라 성격, 생활습관 모두 말입니다. 부모님이 꼼꼼하면 아이들도 꼼꼼한 편이고, 부모님이 쾌활하면 아이들도 명랑합니다. 부모님이 정리정돈을 중요시하면 아이들의 책상도 깔끔하지요. 이렇게 무서울 정도로 아이들은 부모를 닮아갑니다.

생활습관, 성격 하나하나, 전부 닮아가는 부모와 자녀 사이의 관계, 과연 좋은 것일까요, 좋지 않은 것일까요? 몇몇 부모님은 좋다고 느낄 수도 있겠지만, 어떤 분들은 '나의 싫은 부분을 아이가 닮아가는 것이 별로야!'라고 생각할 수 있습니다. 아이에게는 좋은 것만 보여주고 전해 주고 싶은 것이 부모 마음이지요. 제 생각에는 부모와 자녀가 닮은 것에는 좋은 점이 더 많은 것 같습니다. 여러분은 인생을 먼저 살아본 사람으로서 나의 성격, 생활습관, 삶의 방식이 어떠한 것이 좋고 어떠한 것이 아쉬운지 잘 압니다. 그러므로 자신의 삶에서 힘들었던 일들은 시행착오였다고 스스로를 다독이면서 아이들에게는 비교적 안전한 길을 안내하여 그 시행착오를 줄여줄 수 있습니다.

제가 이 책을 쓴 이유는 우리 아이들이 자신의 꿈을 찾아 행복한 삶을 살아나가길 바라기 때문입니다. 저뿐만 아니라 많은 선생님과 진로교육 전문가들이 이러한 목표를 두고 다양한 진로교육 방법을 제시하고 있습니다. 하지만 가끔 학생들을 상담하거나 진로 이야기를 나누다 보면 점점 마음이 아파옵니다. 부모님의 지나친 열정이 아이들의 마음을 지치게 해서 이야기를 듣다 보면 저도 같이 슬퍼지는 것이지요. 가끔 어떤 부모님들은 내 아이는 시행착오를 겪지 않게 해야 한다며 인생 핸들을 좌우로 흔드는데 이에 따라 아이들은 휘청휘청합니다. 곁에서 지켜보는 제가 다 불안할 정도입니다. 이런 위기 상황에도 아랑곳하지 않고 아이들은 자신의 혈육, 자신의 피붙이라는 생각만 앞세워 자녀의 삶을 자신의 삶처럼 여기고 더욱 과감하게 질주하는 분들이 있습니다.

부모와 자녀는 피붙이라는 말이 틀린 말은 아니지만, 이러한 생각이 때로는 아이들의 성공적인 진로를 설계하는 데 발목을 잡기도 합니다. 부모와 아이가 함께하는 진로교육은 자녀의 진로를 위해 부모가 함께 노력하는 과정입니다. 하지만 주체는 자녀이지요. 아이의 진로는 아이 스스로가 선택하고 책임을 져야 합니다. 부모는 아이들이 기반을 잘 다질 수 있도록, 미래에 자신에 적합한 진로를 찾을 수 있도록, 후회 없는 삶을 살 수 있도록, 최대한 다치지 않도록, 미리 알려주고 보호하는 조력자입니다.

부모는 아이의 선택을 도와줄 수만 있지, 직접 관여해서는 안 됩니다. 아이를 위할수록 더 아이를 존중하고 그 삶의 방식도 존중해야 합니다. 아이가 아니라고 이야기할 때 부모의 생각을 강하게 전달하는 것은 아이의 삶을 부정하는 것과 비슷하다는 것을 꼭 기억하세요.

마지막으로 조금 고리타분한 이야기를 하나 해 볼까 합니다. '줄탁동시(啐啄同時)'라는 말이 있습니다. 닭이 알에서 태어나기 위해서는 병아리가 스스로 안에서 껍질을 쪼아야 하고, 동시에 어미 닭이 밖에서 같이 껍질을 쪼아주어야 한다는 뜻입니다. 병아리 스스로도 껍질을 깨고 나올 수 있지만, 어미 닭이 그 과정을 도와주면 목표를 훨씬 수월하게 달성하게 됩니다. 이러한 병아리와 닭의 모습에서 우리 부모님과 자녀의 관계를 엿볼 수 있습니다. 병아리와 어미 닭처럼 한 가지 목표를 위해 아이와 협업하고 배우며 성장하시길 바랍니다. 그리고 이 책이 나침반이 되어 부모와 자녀가 함께 행복한 미래를 그리는 데 작은 도움이 되기를 바랍니다.

진로교육 관련 사이트 모음

검색어	담당기관	사이트 주소
원격영상 진로멘토링	청년기업가정신재단	http://mentoring.career.go.kr
청소년 기업가체험 프로그램	청년기업가정신재단	https://yeep.kr
창의인성교육넷(크레존)	한국과학창의재단	https://www.crezone.net
교육기부	한국과학창의재단	https://www.teachforkorea.go.kr
청소년활동정보서비스	한국청소년활동진흥원	https://www.youth.go.kr/youth
하이파이브 (특성화고 마이스터고 포털)	교육부	http://www.hifive.go.kr
에듀넷	한국교육학술정보원	http://www.edunet.net
워크넷	한국고용정보원	https://www.work.go.kr
한국 잡월드	한국잡월드	http://www.koreajobworld.or.kr
커리어넷	한국직업능력개발원	https://www.career.go.kr
SCEP 창의적 진로개발	한국직업능력개발원	http://scep.career.go.kr
꿈길	교육부	http://www.ggoomgil.go.kr
꿈의 학교	경기도교육청	http://vilage.goe.go.kr
진로와 직업 SMART BOOK	교육부 커리어넷	https://www.career.go.kr/smartbook
각 시도별 진로진학정보센터	시도 교육청	인터넷에 ○○(지역명) 진로정보센터 또는 진로교육센터를 검색해 보세요. 예시 부산 진로진학지원센터 울산 진로직업체험지원센터
잡에이블	국립특수교육원	http://www.nise.go.kr
한국과학창의재단	한국과학창의재단	https://www.kofac.re.kr
한국직업능력개발원	한국직업능력개발원	https://www.krivet.re.kr
한국청소년정책연구원	한국청소년정책연구원	https://www.nypi.re.k

참고자료

교육부(2015), 2015 개정 교육과정 초, 중등학교교육과정 총론

교육부(2015), 2015 개정 교육과정 창의적 체험활동

한국진로교육학회(2011), 진로교육의 이론과 실제, 교육과학사

한국직업능력개발원(2015), 2015 진로교육실태

최동성(2006), 생애단계별 진로교육의 목표와 내용: 진로지도와 노동시장 이행, 한국직업능력개발원

2015 초등 국정 교과서 6학년 수학 2학기

한국직업능력개발원(2018), 초중등 진로교육 현황조사 기초통계표

안이환(2013), 교육자를 위한 초등학교와 진로교육, 서현사

전국독서새물결모임(2013), 진로독서 가이드북 초등 저학년, 고래가숨쉬는도서관

전국독서새물결모임(2013), 진로독서 가이드북 초등 고학년, 고래가숨쉬는도서관

조진표(2012), 진로교육, 아이의 미래를 멘토링하다, 주니어김영사

2020년 10월 6일 초판 1쇄 발행
2022년 7월 6일 개정판 1쇄 발행

지은이 | 이영균
펴낸이 | 이종춘
펴낸곳 | ㈜첨단

주소 | 서울시 마포구 양화로 127 (서교동) 첨단빌딩 3층
전화 | 02-338-9151
팩스 | 02-338-9155
인터넷 홈페이지 | www.goldenowl.co.kr
출판등록 | 2000년 2월 15일 제 2000-000035호

전략마케팅 | 구본철, 차정욱, 오영일, 나진호, 강호묵
제작 | 김유석
경영지원 | 윤정희, 이금선, 최미숙

ISBN 978-89-6030-601-1 13590

BM 황금부엉이는 ㈜첨단의 단행본 출판 브랜드입니다.